见识城邦

U0258774

更新知识地图　拓展认知边界

万物皆数学

Everything
is Mathematical

黄金比例
用数学打造完美

The Golden Ratio:
the beautiful language of maths

[西] 费尔南多·科尔瓦兰（Fernando Corbalán）著

张鑫 译

中信出版集团 | 北京

图书在版编目（CIP）数据

黄金比例 /(西) 费尔南多·科尔瓦兰著；张鑫译
. -- 北京：中信出版社，2021.2
（万物皆数学）
书名原文：The Golden Ratio: The beautiful
language of maths
ISBN 978-7-5217-2233-8

Ⅰ.①黄… Ⅱ.①费… ②张… Ⅲ.①数学—普及读
物 Ⅳ.①O1-49

中国版本图书馆CIP数据核字（2020）第179562号

图片版权声明
Age Fotostock: p.162、p.163; Aisa:p.129、p.136;Album:p.7、p.21、p.51、p.149、p.162、p.163; Akg-Album:p.34、p.77、p.131、
p.143、p.144、p.152、p.154、p.155、p.156、p.159、p.162、p.175、p.185; Lessing-Album: p.126、p.128、p.135、p.137、
p.140、p.145、p.146、p.160; RBA Archive: p.6、p.21、p.124、p.138、p.141、p.142、p.177、p.179;Corbis:p.33、p.158、
p.163;MauritiusCornelius Escher: p.79; Getty Images; iStockphoto:p.5、p.8、p.10、p.11、p.103、p.112、p.115、p.13、p.150、
p.178、p.180、p.181、p.182、p.183、p.192; Mario Merz:p.42.

本书仅限中国大陆地区发行销售

黄金比例

著　者：［西］费尔南多·科尔瓦兰
译　者：张鑫
出版发行：中信出版集团股份有限公司
　　　　　（北京市朝阳区惠新东街甲 4 号富盛大厦 2 座　邮编　100029）
承 印 者：北京诚信伟业印刷有限公司

开　本：880mm×1230mm　1/32　　印　张：7　　　字　数：135 千字
版　次：2021 年 2 月第 1 版　　　　印　次：2021 年 2 月第 1 次印刷
京权图字：01-2020-0544
书　号：ISBN 978-7-5217-2233-8
定　价：48.00 元

目录

前　言

现在，我们的世界比过去任何时候都依赖数字，某些数字甚至拥有专属名称，比如圆周率 π、自然常数 e 等等。

在这之中有一个特别有意思的数字，它就是 1.6180339887，可以简化为 1.61 或 1.618。事实证明，它的名气大过 π 和 e，让更多的杰出人物为之着迷。人们怀着敬畏之心为它取了如黄金数（golden number）、超越比例（transcendental ratio）、神圣之数（divine number）、神圣比例（divine ratio）等一连串名字……而我们通常把它称为黄金比例（golden ratio），用希腊字母 Φ（phi）表示。黄金比例在数学领域有着特殊的地位，它的数字性质奇妙无比，与自然和人类的造物都有着某些未知的联系。作为"万物皆数学"系列丛书之一，本书愿意引领读者走进黄金比例的奇妙世界，成为读者手中的"旅行指南"。

本书将审视从古至今存在于科学、艺术中数不胜数的黄金比例，还有它在动植物形态学（研究事物形状和形态的学科）中发挥的重要作用。一旦对黄金比例有了一定认识，我们就能够深入发掘它的奇特之处。这趟旅程以欧几里得的《几何原本》（历史上最畅销的科学书籍）为起点，途经文艺复兴时期佛罗伦萨热闹的街头，与当时最为杰出的列奥纳多·达·芬奇碰面。

黄金比例的奇妙在于它能够将自身的优美赋予各种各样的图形，从三角形到拥有二十个面的几何体（二十面体）都是它的杰作。但是在那令人敬畏的名称背后，黄金比例其实就隐藏在常见的几何物体中，比如生活中随处可见的信用卡和五角星。所谓的"黄金矩形"是指邻边之比恰好符合黄金比例的矩形，而信用卡就是这样的矩形。[①] 如果黄金矩形无处不在，那么螺线或五角星又有什么特别之处？答案是二者都与黄金比例有着密切的联系，并且经常出现在建筑、镶嵌艺术甚至是棋盘游戏中。

然而黄金比例最令人惊讶的是它与抽象概念之间的联系。举例来说，我们认为它象征着优雅与完美，而这一点已经众所周知。在这场令人神往的旅行中，陪伴我们的都是顶级向导，达·芬奇、勒·柯布西耶以及其他大师级的人物，他们都钟情于黄金比例那纯粹的和谐。如果我们厌倦了人类的发明创造，不妨将目光转向身边的大自然，置身其中同样可以发现黄金比例，许多生物都是按照黄金比例生长的。最近才为数学家所了解的分形（fractal）理论也展现出了与黄金比例有关的特性。

在漫长旅程的最后，我会为你奉上数学专著的节选，相信这些专业书籍会带你更加深入地探索黄金比例的世界。

---

① 1.618和0.618均为黄金比例，前者为长与宽之比，后者为宽与长之比。奇妙之处在于，1.618的倒数为自身减1，即0.618。——编者注

第一章

黄金比例

比例恰当的事物让人感到愉悦。

——圣托马斯·阿奎那（1225—1274）

向日葵花盘上籽实的排列、蜗牛壳上优美的螺线和银河系的螺旋结构，这三样看似毫无关联的自然事物有着怎样的共同特点？从维特鲁威到勒·柯布西耶，从达·芬奇到萨尔瓦多·达利，在这些伟大的艺术家和建筑师的作品中，隐藏着什么相同的几何原理？虽然这两个问题看上去不可思议，但答案仅仅是一个简单的数字。许多个世纪以来，这个数字一直为人们所熟知，它不断出现在各种自然事物和艺术作品中，因此就有了诸如"神圣比例""黄金比例""黄金数"这样的名字。要想完整地写出黄金比例几乎不可能，不是因为它的数值极大（其实它只大于1，小于2），而是因为它由无穷多的数字组成，而且这些数字没有特定的重复规律。既然如此，我们就必须使用数学符号把它表示出来，这样处理起来会更加方便：

$$\frac{1+\sqrt{5}}{2} \cong 1.6180339887$$

在本章的后半部分我们将会看到这个数学表达式的求证方法，但在此之前我们必须承认，至少乍看上去，黄金比例并没有给人留下深刻的印象。然而明眼人在看到 5 的平方根后就会意识到不同寻常之处。和其他许多数字一样，5 的平方根拥有的一系列性质让它获得了一个听上去不怎么舒服的名字——"无理数"。无理数是一个特殊的集合，我们在后面也会对其进行详细的讨论。

下面让我们以几何图形为例试着求出黄金比例的近似值，通过这种方式来寻找它那看似神圣的性质。为此我们画一个矩形，该矩形的长等于宽乘以 1.618。它的邻边之比就是黄金比例（或至少是黄金比例的近似值）。如下图所示：

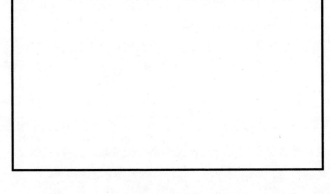

人们把具有以上性质的矩形称为"黄金矩形"。第一眼看过去，它似乎是一个非常标准的矩形。不管怎样，让我们先用两张信用卡来做一个简单的实验。将两张信用卡分别水平和垂直放置，底边对齐后并排在一起。如下页图所示：

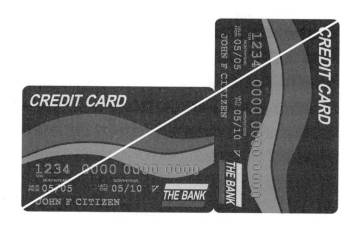

　　如果我们在水平放置的信用卡上画一条对角线并将其延伸，那么就会发现这条线恰好准确到达了另一张信用卡的右上角。如果我们用两本大小相同的书来做同样的实验（最好是科技类图书或口袋书），很有可能得到相同的结果。只有两个一样大的黄金矩形才具有这个性质。而且平常我们看到的许多矩形物体似乎都是按照黄金比例设计而来。这会不会仅仅是巧合？有这种可能，但或许还有其他解释。黄金矩形之所以在我们生活中随处可见是出于某种原因，这些黄金矩形和其他拥有黄金比例的几何图形特别令人赏心悦目。如果你也同意这种说法，那么恭喜，你与历史上许多著名的画家和建筑师的观点相同。我们会在本书第四章看到与这一问题有关的更多内容。在数学上，人们习惯用希腊字母"Φ"（Phi）来表示黄金比例，而且"Φ"还是杰出的古典建筑师菲狄亚斯（Phidias）希腊名字的首字母，这绝非巧合。

美好的"黄金世界"

在艺术史上，人们已经写了太多隐藏在《蒙娜丽莎的微笑》背后的秘密，但是我们同样可以用数学的方法来解开这个谜题。请看下图，如果在蒙娜丽莎美丽的脸庞上叠加数个黄金矩形会发生什么：

列奥纳多·达·芬奇在创作这幅伟大的作品时是否已经想到了运用黄金比例？这似乎不太可能。然而还有一种争议较少的说法，那就是这位佛罗伦萨的天才非常重视美学和数学之间的关系。我们暂且把这个问题放到一边来说说另一件事。卢卡·帕乔利曾写过一本数学方面的书并将其命名为"神圣比例"（*De Divina Proportione*）。作为卢卡的好友，达·芬奇为该书创作了插图。

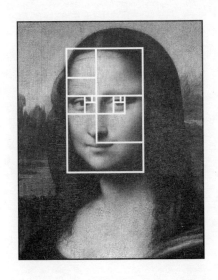

当然，无论黄金比例存在于矩形的邻边还是更加复杂的几何图形中，它们并不是只在达·芬奇的作品中出现。后来的许多画家都在自己的作品中运用了这一基本原理，包括后印象派画家乔治·修拉和拉斐尔前派画家爱德华·伯恩-琼斯。萨尔瓦多·达利创作的《最后的晚餐》堪称杰作，黄金比例在这幅画中发挥了突出的作用。这幅画的尺寸为 268 厘米 × 167 厘米（一个近乎完美的黄金矩形），整个画面的构图采用了经典的正十二面体。这种几何体为正多面体，刚好能够放入合适的球内，与黄金比例关系密切。我们会在本书的第三章看到有关正十二面体的更多内容。

《阿涅尔的浴者》（1884），乔治·修拉绘。整幅画布为黄金矩形。从白线围出的区域可以看出，画中的某些部分也呈黄金矩形。

现在让我们把目光投向建筑领域。建筑或许是实用艺术的巅峰。如果黄金比例真的能够通过各种形式营造出和谐之美，那我们就应该能在世界上最具标志性的几何建筑中发现它。虽然过于强烈地坚持这个看法有点冒险，但是黄金比例确实出现在了许多伟大的历史建筑中，比如吉萨大金字塔或是某些著名的哥特式教堂。尽管大多数时候，黄金比例是以极其微妙的方式展现在世人面前，但我们还是能够在许多建筑中发现它。就拿举世闻名的帕提依神庙来说，它是菲狄亚斯的代表作，这座建筑的正面就可以整齐地分解为大小不一的黄金矩形：

玫瑰的秘密

　　并不是只有人类才觉察到了黄金比例与美之间的联系，似乎大自然在挑选自己心仪的形状时就已经赋予了黄金比例特殊的作用。为了弄清这一点，我们需要更加深入地研究黄金比例的性质。首先让我们把一个正方形嵌入常见的黄金矩形中（正方形的边长等于最初黄金矩形的宽），这样就创造了一个新的黄金矩形。如果把这个过程重复数次，就会得到下面这张图：

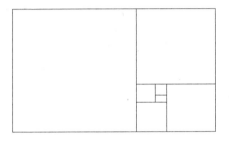

　　现在我们要在每个正方形内画一条圆弧，让每个圆弧的半径等于它所在正方形的边长。结果如下图所示：

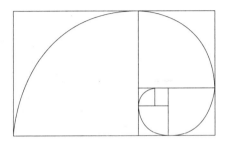

这条优美的曲线十分近似于我们所说的对数螺线。对数螺线不仅仅是一个奇特的数学现象，它还存在于从鹦鹉螺壳上炫目的花纹……

到星系的悬臂……

再到地球上的玫瑰花瓣中。观赏盛放的玫瑰时，那些螺线状的花瓣毫无疑问会给人一种优雅的感觉：

在这位花中皇后的引领下，我们将要进入另一个由黄金比例主宰的世界——植物世界。植物中存在的黄金比例不易让人察觉，为了能清楚地描述它，我们需要引入一个全新的数学概念：斐波那契数列。13 世纪的意大利数学家斐波那契曾对这个数列做出描述。该数列的前两项为 1，后面的每一项都等于前两项之和。斐波那契数列有无数个项，前十五项为：

1，1，2，3，5，8，13，21，34，55，89，144，233，377，610

随着斐波那契数列项的不断增多，后一项与前一项之比越来越逼近黄金比例，下面让我们来验证一下：

$$1 / 1 = 1$$

$$2 / 1 = 2$$

$$3 / 2 = 1.5$$

$$5 / 3 = 1.666666\cdots\cdots$$

$$8 / 5 = 1.6$$

$$13 / 8 = 1.625$$

$$21 / 13 = 1.615384\cdots\cdots$$

$$34 / 21 = 1.619047\cdots\cdots$$

$$55 / 34 = 1.617647\cdots\cdots$$

$$89 / 55 = 1.618181\cdots\cdots$$

$$144 / 89 = 1.617977\cdots\cdots$$

$$\Phi = 1.6180339887\cdots\cdots$$

当这一过程重复到第 40 次，相邻项之比越来越接近黄金比例，已经精确到了小数点后的 14 位。黄金比例与斐波那契数列之间有许多意想不到的联系，我们稍后会更加详细地进行讨论。总而言之，在抽象的数字世界与客观的现实世界之间存在着某种不可思议的特殊联系。

下面我们通过分析另一种花的特点来看看这种联系有多么特殊。这种花的外形与玫瑰有着很大的区别，它就是花盘上布满了籽实的向日葵。

首先我们会看到葵花籽以顺时针和逆时针方向排列形成螺

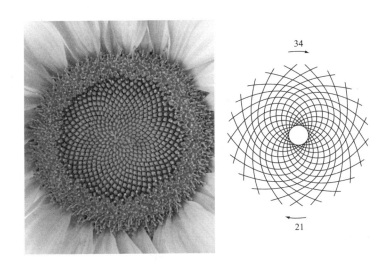

线。如果数一下两个方向上的螺线，就会得到两个再平常不过的数——21 和 34——两个此前我们已经在斐波那契数列中见过的数。

向日葵花盘的结构以斐波那契数列中的两个相邻项为基础进行排列。如果数一下其他花盘上的葵花籽，就很有可能得到与此相同的两个数或另一对斐波那契数列的相邻项数字，其中 55 和 89 最为常见。向日葵花盘并不是唯一拥有黄金比例的植物结构，诸如此类的还有树枝的排列、花瓣的数量，甚至有的叶片的形状都是按照黄金比例生长。本书的第五章将会用很大的篇幅来探究数字和有机形态之间的奇妙关系。

无理数与数列，菲狄亚斯与达·芬奇，玫瑰与向日葵，所有这一切组合在一起，创造出了一个美好的"黄金世界"，而这样一个世界似乎正是起源于那个不可思议的 Φ。

数字

如果有一天晚上，趁我们在床上熟睡之际数字连同数学全部消失，等到第二天醒来，我们的世界里没有了电脑、电视、收音机、手机，就连泡茶的水壶都不见踪影……那么整个世界会变成什么样？人类社会离不开数字，数字已经将我们征服。而且数字对我们的"统治"不只出现在以数码科技为基础的现代社会，事实上从古至今一贯如此。早在史前时代，数字就已经开始用来记录、指导人类的各种活动，成为文明发展最基本的工具。

所有文明都发展出了自己的数制，并且每一种文明的数制都有自己的表示方法。然而所有的数制都有着相同的功能，它们分别是计数、排序、计量、编码。

其中计数和排序的功能最为显著。为了计数，我们必须为对象赋值，换句话说就是赋予它们一个数字。等到有了一系列的赋值对象后，人们自然而然地就会对其排序。因为计量和编码这两个功能有着更高的复杂性，所以在历史上出现的更晚。计量需要用标准来设定每一种尺寸的单位，这样就可以有效地比较不同的测量结果。编码功能出现的时间离我们更近，它可能在四者中出现的最晚。但是如果没有编码——加密或许是目前更为普遍的叫法——也就没有现代社会。

婆罗摩笈多（598—668）

印度数学家、天文学家婆罗摩笈多曾在 628 年出版了《婆罗摩修正体系》（*Brahmasphuta-siddhanta*）一书。这本书首次采用了完整的十进制，与今天的十进制几乎完全相同。然而现代用来表示十进制的符号却是阿拉伯人的发明。

0——最重要的数字

0 是现代数制的基础。数学家兼历史学家乔治斯·伊弗拉解释说：“如果没有零和进位制，人类就不会发明出机械和自动化计算。”

为了突出 0 的重要性，我们用罗马的非进位制来演示一个简单的乘法。由于罗马数制中没 0，如果要写出 138 乘以 570，就需要用 CXXXVIII 乘以 DLXX 来表示。即便我们知道如何开始计算，也肯定能预料到想算出结果会非常困难。计算过程看起来十分冗长，而且特别无聊。这还算是比较简单的，只是两个三位数相乘而已。上面这个例子说明，现代数制的主要特点不仅是以 10 为基数，而且每一个数位的值都由代表自己的数字符号（比如 1、2 等）和它相对于其他数字的位置（比如 12 和 21）决定。因此我们的十进制仅需要 10 个符号就可以表示任何数字。

更加重要的是，所有的空缺数位都需要一个名字以及代表它的符号。所以为了表示“什么都没有”，我们不说“那里没有数字"，而是说"那里有零个数字"，并且把"什么都没有"记作"0"。（今天的圆形符号 0 是由最初使用的圆点演变而来的。）

为 0 赋值就相当于让"某种不存在的东西"等同于"某种缺少的东西"（这样，"不存在"就变成了"存在"）。这听上去似乎没有什么意义，但是 0 与商业贸易的兴起有着必然的联系，而且随着时间的流逝，这种联系越来越紧密。举例来说，在欧洲文艺复兴时期，许多领域都是从无到有地发展起来的，也就是"从零开始"。

0 的单独使用最早见于公元前 1 世纪的玛雅象形文字。但是，玛雅文明采用的却是非进位制。表示 1 的符号就是一个点，5 就是一条线，14 就是四个点（四个 1）加上两条线（两个 5），其他数字依次类推。

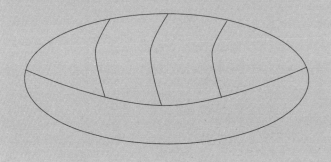

人们最先使用的数字叫"自然数"（1、2、3、4、5……）。毕达哥拉斯的学说在古希腊的数学界极具影响力，而且依然是当今数学的根基。"万物皆数"是其哲学基石。数学家把自然数和分数统称为有理数，"rational"（有理数）与"ration"（定量）的词根相同，而"ration"又与"ratio"（比例）相关。一旦知道了这些，我们就能更好地理解有理数。所以，一个数之所以叫作有理数是因为它来源于比例，而不是因为它的另一个含义——"合理的"。

毕达哥拉斯及其追随者早在 20 多个世纪前就知道$\sqrt{2}$不是有理数，因为它无法写成两个自然数之比。毕达哥拉斯学派认为数字是神圣的符号，他们相信数字可以衡量世间的一切，数字是万物的本源。因此，一个无法用数字表示的概念有悖于该学派的哲学基石。

我们把除有理数以外的实数称为"无理数"。这个名字更加具有误导性。无理数只表示那些不能写作两个自然数之比的实数。下面让我们想象一下，在面对无法准确计算的无理数时，比如正方形的一条对角线的长度（或$\sqrt{2}$），毕达哥拉斯的追随者该是何等困惑。毫无疑问，他们会极力抹杀这样一个令人不安的发现。

在数学领域，有理数和无理数之间有很多差异，但在人们看来，或许"节奏感"（musicality）的差异才是最有趣、最直观的。尽管我们不能严格地将其看作数学上的差异，但造成这种差异的主要原因是有理数和无理数的小数部分存在不同。

有理数的小数部分从某一位开始，一个或几个数字依次重复出现，这种小数称为"循环小数"。而无理数的小数部分并不会按照任何特定的排列形式循环往复，依次出现的数字毫无规律可言。如果我们为每一个数字指定一个音阶，然后"演奏"循环小数的小数部分，就会听到像副歌一样重复的旋律。相比之下，"演奏"无理数的小数部分则会听到一团杂乱刺耳的噪音。

黄金比例的定义

黄金比例是一个无理数，我们用希腊字母 Φ 表示。黄金比例由古希腊人发现，最早的文字记录出现在《几何原本》中。该书是历史上最有名、再版次数最多的书籍之一，作者是欧几里得，大约写于公元前 300 年。

这部经典著作是历史上最早的科普畅销书。欧几里得写这本书有两个目的。首先，他想要把那个年代所有的数学发现加以汇编，构成一部类似百科全书的工具书，而这本书也可以用作课本进行教学。其次，他希望引入一种特定的方法来展示证明过程，基于公理（不证自明的事实）和演绎法创立一种全新的数学理论。

毋庸置疑，《几何原本》是成功的，它对各个数学分支的发展起着决定性的作用。20 世纪的数学家兼教师卢乔·隆巴

$\sqrt{2}$的无理性

让我们假设$\sqrt{2}$是有理数。这意味着$\sqrt{2}$可以用自然数之比来表示:

$$\sqrt{2}=\frac{p}{q}$$

假设p和q既是整数又是质数（两数不相同）。将等式变形后两边同时平方，由

$$2q^2=p^2$$

可知p是一个偶数。但如果p是偶数，$p=2r$，那么

$$2q^2=4r^2$$

将等式化简得到

$$q^2=2r^2$$

由此得出q也是偶数。既然p和q都是偶数，那么就不会是质数，而且2是它们的公约数。不管怎样思考这个问题，结果总是自相矛盾的。因此一开始$\sqrt{2}$是有理数的假设就是错误的。

尔多·拉迪切曾写道："除了《圣经》和列宁的作品外，它（指《几何原本》）是出版和被翻译语言最多的一本书。几十年前，这本书曾是中学的几何教材。"在全世界的教育体系中数学都是必修课，因此只要是上学的地球人都会在教科书中读到来自《几何原本》的内容。

《几何原本》共十三卷。卷一至卷六的主要内容是基础几何，卷七至卷十是几何数论，最后三卷则是立体几何。卷六的第三条定义如下：

"把一条线段分为两段，如果整条线段与较长线段之比等于较长线段与较短线段之比，那么这条线段是按中外比（extreme and mean ratio）分割的。"

简单来说，就是"整体比部分等于该部分比另一部分"。1570 年，亨利·比林斯利首次将《几何原本》翻译成英文，之后不久他便成了伦敦市长。

毫不起眼的中外比很容易被人们忽视，但是后来却成为了人们熟知的黄金比例。1509 年，卢卡·帕乔利最终完成了《神圣比例》全稿。现代的黄金比例符号 Φ 很晚才出现。20 世纪初，美国人马克·巴尔提议将雅典帕提侬神庙的建造者菲狄亚斯同黄金比例结合在一起，并用菲狄亚斯希腊名字的首字母 Φ 作为黄金比例的符号。

我们已经讲了黄金比例背后的故事，并将它归为了无理数，现在终于可以全身心地研究黄金比例的数学性质。首先，我们需要算出黄金比例。

亚历山大城的欧几里得（公元前325—公元前265）

欧几里得在数学史上有着崇高的地位，但我们对他的生平几乎一无所知。人们经常把他与另一位来自迈加拉的欧几里得混为一谈。亚历山大城的欧几里得大约出生于公元前325年。根据记载，他在25岁时就已经成为亚历山大博物馆的数学部主管。亚历山大博物馆是"女神缪斯的庇护所"，相比公共景区来说，这个机构更像是图书馆和大学。事实上，亚历山大博物馆是地中海地区主要的科学中心，它的图书馆堪称奇迹，馆内保存了当时所有主要科学著作的副本。据说欧几里得曾在雅典接受过教育，大约于公元前265年去世。即使在去世前，他的作品也备受推崇。欧几里得的影响延续了数个世纪，甚至到了20世纪30年代，一批来自布尔巴基学派的数学家想要彻底改变数学，他们最引人注目的口号就是"打倒欧几里得"。

《雅典学院》局部图，拉斐尔绘。
拉斐尔所画的欧几里得手拿圆规，
面部则是参照了建筑大师布拉曼
特（Bramante）本人。

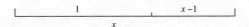

假设有一条线段，如果 $\dfrac{x}{1}=\dfrac{1}{x-1}$，那么这条线段就是欧几里得所说的按照中外比（也就是黄金比例）分成了两段。

⇒ 如果两个分数相等，那它们交叉相乘后也会相等：$\dfrac{a}{b}=\dfrac{c}{d}\Rightarrow a\cdot d=b\cdot c$。这样我们就得到了下面的一元二次方程：

$$x\cdot(x-1)=1\cdot1 \rightarrow x^2-x=1$$

移项后方程变为 $x^2-x-1=0$ （1）

这个方程有两个解，我们需要的是正数解：

$$x=\dfrac{1+\sqrt{5}}{2}\cong1.618$$

我们把求出的正数解称为 Φ：

$$\Phi=\dfrac{1+\sqrt{5}}{2}\cong1.618$$

由于方程（1）的正数解是线段长度之比，所以不管初始线段有多长，这个比例始终不变。换句话说，黄金比例不因线段总长的改变而改变。

在黄金比例的表达式中，由于 5 开平方后无法得到有理数，因此 Φ 是一个无理数。这意味着我们永远无法完整地写出它小数点后面的数字。此外，它的无限小数部分没有固定的循环节，因此 Φ 是一个无限不循环小数，而且这类小数永远无法完成计算。因为黄金比例的重要性体现在几何方面而不是数字方面，所以没有必要算出更加精确的 Φ。让 Φ = 1.618033988749894 就足够了，因为将其精确到小数点后十五位已经满足了我们所有的计算需要。

下面让我们拿出计算器来做一些简单的计算。保留 Φ 的前五位小数，得到近似值 Φ = 1.61803。

首先，我们用 1 除以 Φ，答案是什么？ 0.61803。除了整数部分 1 以外，两者的小数部分完全相同。由此可以得出 $1/\Phi = \Phi - 1$。

下面算出 Φ 的平方。由于我们取了 Φ 的近似值，因此 $\Phi^2 = \Phi + 1$。这只是巧合吗？当然不是，谜题即将揭晓。

黄金比例的基本特征

首先请记住，Φ 是下面方程的一个解：

$$x^2 - x - 1 = 0 \qquad (1)$$

我们已经用 Φ 的近似值验证了这个方程，因此：

更加精确的 Φ

　　这里为热衷精确的朋友准备了黄金比例小数点后 999 位数字。

　　1.61803398874989484820458683436563811772030917980576286213544862270526046281890244970720720418939113748475408807538689175212663386222353693179318006076672635443338908659593958290563832266131992829026788067520876689250171169620703222104321626954862629631361443814975870122034080588795445474924618569536486444924104432077134494704956584678850987433944221254487706647809158846074998871240076521705751797883416625624940758906970400028121042762177111777805315317141011704666599146697987317613560067087480710131795236894275219484353056783002287856997829778347845878228911097625003026961561700250464338243776486102838312683303724292675263116533924731671112115881863851331620384005222165791286675294654906811317159934323597349498509040947621322298101726107059611645629909816290555208524790352406020172799747175342777592778625619432082750513121815628551222480939471234145170223735805772786160086883829523045926478780178899219902707769038953219681986151437803149974110692608867429622675756052317277752035 3613936

$$\Phi^2-\Phi-1=0 \Rightarrow \Phi^2=\Phi+1 \qquad （2）$$

从等式（2）开始，我们在它的两边同时乘以 Φ，重复数次后得到：

$$\Phi^3=\Phi^2+\Phi$$
$$\Phi^4=\Phi^3+\Phi^2 \qquad （3）$$
$$\Phi^5=\Phi^4+\Phi^3$$
$$\cdots\cdots$$

这表明 Φ 的任意次幂等于它的前两个同底数连续幂相加。因此，一旦求出 Φ 和 Φ^2 的值就不需要再计算 Φ 的其他次方，只需要把前两个 Φ 的同底数连续幂相加就可以得到下一个结果。

通过表达式（2）和（3）同样可以发现，就 Φ 本身的值来说，它的任意次方与自然数之间还存在其他关系：

$$\Phi^3=\Phi^2+\Phi=\Phi+1+\Phi=2\Phi+1$$
$$\Phi^4=\Phi^3+\Phi^2=（2\Phi+1）+（\Phi+1）=3\Phi+2$$
$$\Phi^5=\Phi^4+\Phi^3=（3\Phi+2）+（2\Phi+1）=5\Phi+3$$
$$\Phi^6=\Phi^5+\Phi^4=8\Phi+5 \qquad （4）$$
$$\Phi^7=\Phi^6+\Phi^5=13\Phi+8$$
$$\Phi^8=\Phi^7+\Phi^6=21\Phi+13$$
$$\cdots\cdots$$

我们发现，只需要把一个表达式中出现的自然数相加后乘以 Φ，然后再加这个表达式中 Φ 的数字因数，就可以求出 Φ 的更高次方的近似值。

举例来说，在 Φ^6 的表达式中，8Φ 的系数为 8，在 Φ^5 的表达式中，自然数 5 和 3 相加正好等于 8，而且 5Φ 的系数为 5。

当我们利用斐波那契数列求 Φ 的近似值时，记住表达式（3）和（4）的性质将会非常有帮助。但 Φ 的性质不止于此，我们接下来会继续讨论。表达式（3）的等号左侧部分也表明，我们可以把两个 Φ 的同底数连续幂相加得到 Φ 的几何级数。

接下来让我们求出 1/Φ 的值，看看之前使用 Φ 的近似值得到的结果是不是一种巧合。表达式（2）已经对 Φ 做了限定，因此我们从它开始：

$$\Phi^2=\Phi+1$$

$$\Phi^2-\Phi=1$$

现在我们在等式的两边同时除以 Φ：

$$(\Phi^2-\Phi)/\Phi=1/\Phi$$

$$\Phi-1=1/\Phi$$

这个奇妙的性质让我们看到了新的可能。通过这个简单的运算可以看出，尽管对 Φ 的限定不是很严格，但它却能够为

代数数和超越数

代数数（algebraic numbers）是整系数多项式方程（包含两个以上的项）的复根。$\sqrt{2}$ 是代数数，它是方程 $x^2-2=0$ 的解，黄金比例 Φ 也是代数数，它是 $x^2-x-1=0$ 的解。

不能满足任何整系数多项式方程的实数（不是代数数的数）称为超越数。由于多项式方程有无数个，所以我们可能会认为几乎所有的数都是代数数。但事实并非如此，超越数要多于代数数。

证明一个数是否是超越数并不容易。由于方程的数量无限多，因此无法用一个证明来做出论证。列出每一个证明结果更是不可能的事情！两个最著名的超越数是 e 和 π。1873 年，法国数学家查尔斯·埃尔米特证明了 e 是超越数。虽然人们早在许多个世纪前就已经对 π 有了一定了解，但是直到 1882 年，德国数学家费迪南德·冯·林德曼才证明了 π 是超越数。

我们带来美妙的发现。Φ 出现在了极为不同的数学领域，而且影响深远。

下面我们通过计算这个未加限定的连根式来说明这一点。

$$A = \sqrt{1+\sqrt{1+\sqrt{1+\sqrt{1+\cdots\cdots}}}} \qquad （5）$$

通过连续添加平方根，我们得到了一连串 A 的小数近似值。

$$\sqrt{1+\sqrt{1}} = 1.4142$$

$$\sqrt{1+\sqrt{1+\sqrt{1}}} = 1.5538$$

$$\sqrt{1+\sqrt{1+\sqrt{1+\sqrt{1}}}} = 1.5981$$

$$\sqrt{1+\sqrt{1+\sqrt{1+\sqrt{1+\sqrt{1}}}}} = 1.6119$$

$$\sqrt{1+\sqrt{1+\sqrt{1+\sqrt{1+\sqrt{1+\sqrt{1}}}}}} = 1.6161$$

$$\sqrt{1+\sqrt{1+\sqrt{1+\sqrt{1+\sqrt{1+\sqrt{1+\sqrt{1}}}}}}} = 1.6174$$

$$\sqrt{1+\sqrt{1+\sqrt{1+\sqrt{1+\sqrt{1+\sqrt{1+\sqrt{1+\sqrt{1}}}}}}}} = 1.6178$$

$$\sqrt{1+\sqrt{1+\sqrt{1+\sqrt{1+\sqrt{1+\sqrt{1+\sqrt{1+\sqrt{1+\sqrt{1}}}}}}}}} = 1.6180$$

数列

对数学家来说，数列是指一组根据一定的规则，按顺序排列的任意多的数字。数列中的项通常用一个带有下标的字母重复表示，而下标也说明了项在数列中的位置。具体表示为 a_1，a_2，a_3，……，a_n，…… = $\{a_n\}$。

请看两个数列的例子，第一个数列的每一项都是偶数，$\{2，4，6，8，10，……\}$ = $\{2n\}$，第二个数列中的每一项都是平方数，$\{1，4，9，16，25，……\}$ = $\{n^2\}$。除此之外还有等比数列，其中的每一项等于前一项乘以公比。换句话说，相邻项相除得到的商是常数。很多数列都有自己的通项，根据每一项的位置就能够求出该项的值。一旦知道了通项，我们就可以定义数列并且知道所有项。以等比数列为例，当首项为 a_1 且公比为 r 时，通项可表示为 $a_n = a_1 \cdot r^{n-1}$。人们也可以通过所谓的"递归定理"来定义数列，这样就可以利用前面的项来求出新的项。用通项定义数列更加方便，但并不是每个数列都有通项。

从这一点来看，即使增加再多的项，结果也只会维持在 1.618 左右，基本上等于 Φ。这又是一个求 Φ 的近似值的新方法。尽管我们对此一无所知，但还是需要进行验证。

将表达式（5）的两边同时平方得到：

$$A^2 = 1 + \sqrt{1 + \sqrt{1 + \sqrt{1 + \sqrt{1 + \cdots}}}} = 1 + A$$

移项后变成 $A^2 - A - 1 = 0$

这与定义 Φ 的公式相同。因此，它的解可以作为另一种表示黄金比例的方法：

$$\Phi = \sqrt{1 + \sqrt{1 + \sqrt{1 + \sqrt{1 + \cdots}}}}$$

用连分数求黄金比例的近似值，最终得到下面的表达式：

$$\Phi = 1 + \cfrac{1}{1 + \cfrac{1}{1 + \cfrac{1}{1 + \cfrac{1}{1 + \cdots}}}} = [1, 1, 1, 1, \cdots] = [\overline{1}] \tag{6}$$

由于前面已经证明，因此我们可以将表达式（6）写成下面的形式：

连分数

历史上，连分数是求近似值的常用方法。连分数可以写作数列，在计算的每个阶段，a_i 的值都是整数。

$$a_1 + \cfrac{1}{a_2 + \cfrac{1}{a_3 + \cfrac{1}{a_4 + \cdots\cdots}}}$$

为了方便表示，连分数通常简写为 $[a_1, a_2, a_3, a_4, \cdots\cdots]$，如果 a_1 和 a_2 周期性重复，就记作 $[\overline{a_1, a_2}]$。

对于有理数来说，等值分数的连分数是有限的。例如：

$$\frac{37}{11} = 3 + \frac{4}{11} = 3 + \cfrac{1}{\frac{11}{4}} = 3 + \cfrac{1}{2 + \frac{3}{4}} = 3 + \cfrac{1}{2 + \cfrac{1}{\frac{4}{3}}} = 3 + \cfrac{1}{2 + \cfrac{1}{1 + \frac{1}{3}}} = [3, 2, 1, 3]$$

任何整系数二次方程的无理数解也可以用循环连分数表示。比如方程 $x^2 - bx - 1 = 0$ 的解可以用 b 的循环连分数表示：

$$b + \cfrac{1}{b + \cfrac{1}{b + \cfrac{1}{b + \cdots\cdots}}} = [b, b, b, b, \cdots\cdots] = [\overline{b}]$$

金属比例

我们已经知道了黄金比例是二次方程的正根。通过扩展黄金比例这个概念，人们已经确定了几个与之类似的比例，从而形成了所谓的"金属比例家族"。除了黄金比例以外，还有白银比例、青铜比例等等。它们的几何作图与极限都跟黄金比例类似。人们总是用代数的方法将金属比例确定为二次方程的正解，例如

$$x^2 - px - q = 0 \ (M)$$

其中 p 和 q 是自然数，正是这两个自然数让金属比例家族出现了不同的"成员"。设 $p=2$、$q=1$，方程的正数解为 $1+\sqrt{2} \cong 2.414213562373095048\cdots\cdots$。这就是白银比例。

设 $p=3$、$q=1$，正数解为 $\dfrac{3+\sqrt{13}}{2} \cong 3.30277563773199464\cdots\cdots$人们把它称作青铜比例。

或许用连分数表示各个金属比例之间的关系才最清楚明白。我们已经知道 $\Phi = [\overline{1}]$，而白银比例 $= [\overline{2}]$，青铜比例 $=[\overline{3}]$。

$$\Phi = 1 + \cfrac{1}{1 + (\cfrac{1}{1 + \cfrac{1}{1 + \cfrac{1}{1 + \cdots}})}} = 1 + \frac{1}{\Phi} \rightarrow \Phi^2 - \Phi - 1 = 0$$

这样我们又发现了表达式（5）和（6）两种表示黄金比例的方法。现如今，计算机让计算变得简单，因此这些求黄金比例近似值的方法也就不那么重要了。但在黄金比例的漫长历史中，人们总是可以在古典文献中找到这些方法。即使是今天，这些方法仍然可以为人们提供很好的脑力训练，而且只要一个便携式计算器就足够了。

斐波那契数列

数学史总是充满了让人意想不到的事情，而黄金比例就是其中之一。人们自古以来就知道黄金比例，它深深地扎根于几何学。然而几个世纪后，有一个人仅用等差数列中的一连串分数求出了黄金比例。那个将黄金比例与几何、算术相结合，通过等差数列发现它的伟人就是中世纪最杰出的数学家列奥纳多·皮萨诺，人们通常称他为斐波那契。

斐波那契写过一些几何、代数以及数论方面的书，但他最有名的作品却与计算有关——《计算之书》（*Liber Abaci*）出版于 1202 年。作者也许是为了故意讽刺才起了这样一个具有欺骗

列奥纳多·皮萨诺——斐波那契（约 1170—约 1250）

1170 年左右，列奥纳多·皮萨诺出生于比萨。我们熟悉的"斐波那契"是他的外号，意为"波那契的儿子"。然而这个外号可能是现代人给他起的，没有证据表明他活着的时候就被人称为斐波那契。

斐波那契通过会计工作接触了数学（他的父亲是往来于各国的商人）。很快，他就展现出了对数学的兴趣，而这种数学早已超越了商业应用的范畴。前往北非的行商之旅给了他学习的机会，让他可以从穆斯林学者那里获得最新的数学知识，并且知道了从亚洲传过去的印度-阿拉伯数制。斐波那契很快意识到，这种数制与罗马数制相比有着巨大的优势。于是他便成了这个东方数制的坚定支持者，并开始在整个欧洲传播。所以，西方人应该感谢斐波那契，是他在西方文化中推动了这一重大变革。

列奥纳多·皮萨诺

性的书名。实际上，这本书证明了阿拉伯数字在计算上的优越性，并借此反对老式的计算方法。因为在当时的意大利，以算盘和古老的罗马数字为基础的计算占主导地位。在《计算之书》中，斐波那契摒弃了主流的计算方法。这不是一件容易的事情，尽管十进制计算更加容易，却没有得到迅速传播。这种方法不得不面对各种各样的抵制，打头阵的便是那些离不开算盘的人。然而，最后还是阿拉伯数字的支持者赢得了胜利。

《哲学珠玑》（*Margarita Philosophica*）中的一幅插图，描绘了算盘使用者（右）和阿拉伯数字支持者（左）之间的纷争。这本百科全书出版于 1504 年，作者为格雷戈尔·赖施。这幅插图表明，即使斐波那契已去世 3 个世纪，关于数制的争论依然激烈。

除了符号和计算方法的应用，《计算之书》还研究了数论（例如因数分解和整除规则）与初等代数的问题。当然还有一章专门讲了记账，讨论了利润和亏损分配以及货币兑换的规则。但是该书中最有名的当属"兔子问题"，解答这个问题正用到了今天的斐波那契数列。兔子问题如下：某人从一月开始养了一对兔子，这对兔子从三月开始每个月都产下一对小兔子，而兔子在出生两个月后具有繁殖能力，这样的话，一年后一共会有多少对兔子？

为了解决这个问题，曾是一名优秀商人的斐波那契做了一个表格。在这个表格中，他将兔子家族新增的成员分为六代，在"总计"一栏记录了每个月末兔子的总对数。大体浏览过这一栏后就会发现数字的排序方式非常奇怪，每个数都是前面的两数之和。

月份＼代	第一代	第二代	第三代	第四代	第五代	第六代	总计（对数）
一月	1						1
二月	1						1
三月	1	1					2
四月	1	2					3
五月	1	3	1				5
六月	1	4	3				8
七月	1	5	6	1			13
八月	1	6	10	4			21
九月	1	7	15	10	1		34
十月	1	8	21	20	5		55
十一月	1	9	28	35	15	1	89
十二月	1	10	36	56	35	6	144

　　总计栏中的各项构成了我们所说的斐波那契数列，符合递归算法：

$$a_1=1, \quad a_2=1; \quad a_n=a_{n-1}+a_{n-2} \ （n \geq 2）$$

　　下面看一下斐波那契数列和黄金比例之间的关系。前文中已经列出过 Φ 的同底数连续幂的表达方式，我们在这里对其加以总结：

$$\Phi^3=2\Phi+1$$
$$\Phi^4=3\Phi+2$$
$$\Phi^5=5\Phi+3$$
$$\Phi^6=8\Phi+5$$
$$\Phi^7=13\Phi+8$$
$$\Phi^8=21\Phi+13$$
$$\cdots\cdots$$

　　如果仔细观察它们的系数，同样会发现斐波那契数列中的连续项。我们可以利用上面这个数列（n 为正整数）的通项公式把黄金比例和斐波那契数列结合到一起，其中 a_n 是斐波那契数列中第 n 项的值。

$$\Phi^n=a_n\Phi+a_{n-1}$$

数列的极限

　　当数列的连续项收敛于数字 A 时，我们说 A 是数列 $\{a_n\}$ 的极限。经过大量的计算，所有项都越来越接近一个单独的数。

　　举例来说，数列 $\{\frac{1}{n}\}$ 的极限是 0（随着 n 的增大，$1/n$ 无限接近于 0），而 $\{\frac{2n}{n+1}\}$ 的极限为 2。然而并不是所有的数列都有极限。

　　现在我们再看一下斐波那契数列和黄金比例的其他关系。在斐波那契数列中，我们用计算器算出每一项与前一项之比，也就是 a_n / a_{n-1}。前几个比值与 Φ 没有什么关系，但是继续算下去，你发现了什么？突然，a_n / a_{n-1} 的比值开始接近 Φ。在下表中我们可以看到，从第十项开始，两个连续项比值占 Φ 的差小于 0.001。

　　这个表格说明，我们没有必要通过一连串的开方来得到 Φ 的小数近似值，只要把斐波那契数列中的相邻项相除就足够了。

　　对于黄金比例来说，以上所有证明都清楚地表达了一个规律，那就是在斐波那契数列中，相邻项之比的极限为 Φ。

　　假设斐波那契数列中相邻项 a_{n+1} / a_n 的比值组成数列，该数列的极限为 L（在此不做证明，只做假设）。这样我们可以将 L 表示为：

黄金比例

序号 (n)	项 (a_n)	a_n / a_{n-1}	与Φ的差
1	1		
2	1	1.000000000000000	-0.618033988749895
3	2	2.000000000000000	+0.381966011250105
4	3	1.500000000000000	-0.118033988749895
5	5	1.666666666666667	+0.048632677916772
6	8	1.600000000000000	-0.018033988749895
7	13	1.625000000000000	+0.006966011250105
8	21	1.615384615384615	-0.002649373365279
9	34	1.619047619047619	+0.001013630297724
10	55	1.617647058823529	-0.000386929926365
11	89	1.618181818181818	+0.000147829431923
12	144	1.617977528089888	-0.000056460660007
13	233	1.618055555555556	+0.000021566805661
14	377	1.618025751072961	-0.000008237676933
15	610	1.618037135278515	+0.000003146528620
16	987	1.618032786885246	-0.000001201864649
17	1 597	1.618034447821682	+0.000000459071787
18	2 584	1.618033813400125	-0.000000175349770
19	4 181	1.618034055727554	+0.000000066977659
20	6 765	1.618033963166707	-0.000000025583188

$$L = \lim \frac{a_{n+1}}{a_n} = \lim \frac{a_n + a_{n-1}}{a_n} = \lim(1 + \frac{a_{n-1}}{a_n}) = 1 + \lim \frac{a_{n-1}}{a_n} = 1 + \lim \frac{1}{\frac{a_n}{a_{n-1}}} = 1 + \frac{1}{\lim \frac{a_n}{a_{n-1}}} = 1 + \frac{1}{L}$$

（请记住 $a_{n+1} = a_n + a_{n-1}$）

$$L = 1 + \frac{1}{L}$$
$$L^2 = L + 1$$
$$L^2 - L - 1 = 0$$
$$L = \Phi$$

极限 L 的方程与 Φ 的相同，因此 L 和 Φ 的值相等。因此在斐波那契数列中，相邻项之比的极限就是黄金比例。

斐波那契数列的前两项都是 1。如果我们把前两项换成其他两个相同数字，继续求出后面的项（每一项等于前两项之和），再用相邻项之比组成新的数列，那么该数列的极限始终是 Φ。请注意，在上面的极限推导中，我们对其限定的条件是：

$$a_{n+1} = a_n + a_{n-1}$$

奇妙的数字

前面已经讲过，通过算出斐波那契数列中相邻项之比，我们就能够求出无限接近黄金比例的近似值。然而除了预测兔子数量的增长，斐波那契数列还意外地出现在了其他数学家的研究中。下面让我们看一下这个数列更加神奇之处。

斐波那契数列的各项之和

如果我们从斐波那契数列中任选十个连续项并将它们相加，得到的和总是 11 的倍数。以前十项为例，它们的总和为：

$$1+1+2+3+5+8+13+21+34+55 = 143 = 11 \cdot 13$$

同样的情况也出现在了：

$$21+34+55+89+144+233+377+610+987+1\,597=4\,147=11 \cdot 377$$

这还不算完。每一个总和恰好等于 11 乘以连续项中的第七项，第一个例子中的第七项是 13，第二个例子中的是 377。

除此之外，斐波那契数列还有一个奇妙的特点。如果我们始终从首项开始算起，那么任意（n 个）连续项之和等于第 $n+2$ 项减去首项。我们还是以数列的前十项为例，它们相加之和为 143。143 等于第十二项（144）减去首项（1）。数列前十七项的总和为 4 180，这个结果等于第十九项（4 181）减 1。

用公式可以表示为：

$$1+1+2+3+5+\cdots\cdots a_n=a_{n+2}-1$$

我们可以利用这个性质来计算任意个连续项之和，这在外行看来非常不可思议。举例来说，任选两个数 25 和 40，分别将它们代入刚才的公式替换 n：

$$1+1+2+3+5+\cdots\cdots a_{40}=a_{42}-1$$
$$1+1+2+3+5+\cdots\cdots a_{25}=a_{27}-1$$

想要算出 a_{25} 到 a_{40} 之间各项之和，只需要把前面的两个表达式相减：

$$a_{26}+\cdots\cdots+a_{40}=a_{42}-a_{27}$$

我们现在已经掌握了这个小窍门：在斐波那契数列中计算任意两项之间的各项之和，只要分别求出这两项的第 $n+2$ 项，然后相减就可以了。

毕达哥拉斯三元数组

虽然毕达哥拉斯三元数组（Pythagorean triples）有无数个，但是想要找到它们却并不容易。而你肯定猜到了斐波那契数列的另一个用处，没错，它可以帮助我们找出三元数组。我们会

马里奥·梅茨（1925—2003）

意大利艺术家马里奥·梅茨是贫穷艺术运动中最杰出的人物之一，他在 20 世纪 70 年代创作的许多作品中反复使用了斐波那契数列。他的风格多变，善用一系列不同的材料（霓虹灯、树枝、兽皮、报纸）。在斐波那契数列中，前两项相加让后一项不断增大，直至无穷大。正是由于这个特点，梅茨才利用著名的斐波那契数列来象征艺术和社会的进步。文明发展的每一步都是过去历史的汇总，让过去成为一个整体，成为未来的重要组成部分。同样，当代艺术也是过去艺术的积累，所有的一切都不是凭空而来。

那不勒斯地铁站里的斐波那契螺线，马里奥·梅茨设计。

在这一部分中看到具体的方法，但首先需要弄清楚斐波那契、毕达哥拉斯、黄金比例三者之间的关系。

人类最著名的数学证明就是毕达哥拉斯定理：在任何直角三角形中，长边（斜边）的平方等于其他两边（有时称为"直角边"）的平方和。

$$a^2 = b^2 + c^2 \qquad\qquad （T）$$

从几何学的角度来看，我们可以认为直角三角形的三条边分别来自三个相连的正方形。每个正方形的面积等于三角形中对应边的平方（因为正方形的各边相等）。毕达哥拉斯定理只说明了在直角三角形中，两条直角边所在的正方形的面积相加（两条直角边的平方和）等于斜边所在的正方形的面积。

这个公式让我们不用测量角度就可以辨别三角形。我们只需要把三条边分别平方，然后比较长边的平方和另外两边的平方和。如果二者相等，那它是直角三角形。如果两边的平方和小于长边的平方，那它是钝角三角形（最大角超过90°）。如果两边的平方和大于长边的平方，那么它是锐角三角形（三个角都小于90°）。

当一个直角三角形的各边为整数时，这三个数字就组成了毕达哥拉斯三元数组。换句话说，毕达哥拉斯三元数组由三个整数（a，b，c）组成，这组数字满足：

$$a^2 = b^2 + c^2$$

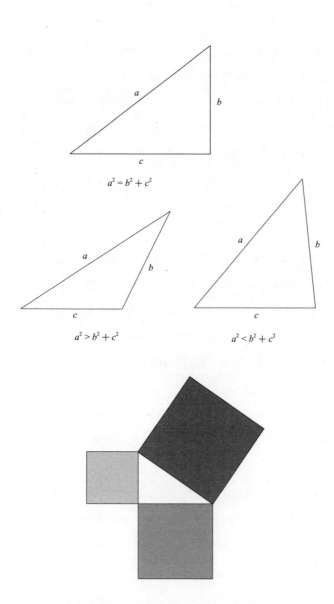

$$a^2 = b^2 + c^2$$

$$a^2 > b^2 + c^2$$

$$a^2 < b^2 + c^2$$

如果我们根据直角三角形的每一条边画一个正方形，那么大正方形面积总是等于两个小正方形的面积之和。

现在我们要演示的方法就是通过斐波那契数列找出毕达哥拉斯三元数组。从斐波那契数列中任选四个连续项，比如数字 2、3、5、8。通过这 4 个数又可以求出另外 3 个数：

1. 左右两边数的乘积：$2 \cdot 8 = 16$
2. 中间两数的乘积再乘以 2：$2 \cdot (3 \cdot 5) = 30$
3. 中间两数的平方和：$3^2 + 5^2 = 34$

通过证明我们可以很容易地发现，（34，30，16）构成了毕达哥拉斯三元数组：

$$16^2 = 256，30^2 = 900，34^2 = 1\ 156 \Rightarrow 256 + 900 = 1\ 156$$

这个方法适用于斐波那契数列中任意连续的四项。

三元数组的应用

（5，4，3）是人们最熟悉的毕达哥拉斯三元数组，在整数中，它构成的直角三角形各边最短。该三元数组的关系如下：

$$3^2 + 4^2 = 5^2$$

历史上，人们曾用打结的绳子来表示这个直角三角形的各边。我们可以从埃及法老时代留存下来的一些图画中看到手

拿这种绳子的人。当时的人用这样的绳子做什么？据说他们在地上把绳子摆成三角形，利用绳结来限定各角。这样，三角形各边的比例为 3∶4∶5。只要是符合这一要求的三角形都是直角三角形。

利用打结的绳子可以快速地摆出一个直角（90°）。在埃及，每年尼罗河的洪水退去后，人们用这种绳子在泥泞的堤岸上划出纵横交错的垂线，这样就能确定矩形地块的位置。切割埃及纪念建筑所用的石头时同样需要这种绳子。实际上，这些简单的绳子及其构成的直角三角形将数学应用在了生活的各个方面。

斐波那契数列各项之间的关系

在斐波那契数列中，我们同样可以知道三个连续项之间的关系。任选三个连续项，把第一项和第三项相乘，将乘积与第二项的平方相减。两者之间总是相差 1，至于是正数还是负数取决于选择的项。举例来说，如果选择的三项为 3、5、8，$3 \cdot 8 = 5^2 - 1$，差为 -1。如果三项为 5、8、13，$5 \cdot 13 = 8^2 + 1$，差为 1。

通常，我们可以将斐波那契数列中连续三项的关系总结为：

$$a_n^2 - a_{n-1} \cdot a_{n+1} = (-1)^{n-1}$$

三元数组与费马大定理

　　费马大定理是历史上最热门的数学猜想之一。350 多年来，这个数学谜题一直令人痛苦万分，直到 1995 年，英国数学家安德鲁·怀尔斯才证明了这个定理。它与毕达哥拉斯和毕达哥拉斯三元数组有着直接的关系。费马大定理以毕达哥拉斯三元组方程 $a^2 = b^2 + c^2$ 为出发点，声称如果我们用任意其他整数取代指数 2，方程绝不会有正整数解。也就是说当 $n > 2$ 时，不存在满足 $a^n = b^n + c^n$ 的三元数组。

　　如果我们用几何的方法来表示这种关系，结果会令人相当困惑。首先绘制一个 8×8 的正方形网格（包含 $8^2 = 64$ 个小正方形），然后像下图那样将正方形网格分成四部分，接下来像拼七巧板一样将它们重新拼接成一个长 13 方格、宽 5 方格的长方形。但是请仔细看一下，这个长方形包含的方格总数为 13·5=65 个。多出的一个方格是哪来的？为了弄明白这一点，我们必须注意分割正方形的线所构成的夹角。当我们拼接新图形时，它们的角度并不完全相同，因此无法形成一个标准的矩形。角和角之间留下了微小的空隙，这些空隙的总面积恰好等于那个看似凭空多出来的方格。

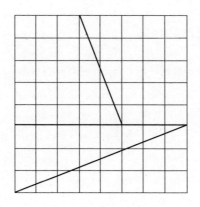

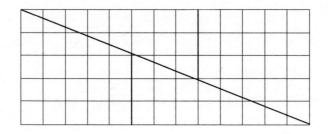

斐波那契数列的通项

斐波那契通过递归算法定义了斐波那契数列。1843 年，法国数学家雅克·比奈找出了斐波那契数列的通项公式。通项公式为：

$$a_n = \frac{1}{\sqrt{5}}\left[\left(\frac{1+\sqrt{5}}{2}\right)^n - \left(\frac{1-\sqrt{5}}{2}\right)^n\right] = \frac{1}{\sqrt{5}}\left[\Phi^n - \left(-\frac{1}{\Phi}\right)^n\right]$$

在斐波那契数列中，相邻项之比组成了新的数列，而该公式证明了这个数列的极限为黄金比例。

帕斯卡三角与斐波那契数列

帕斯卡三角是最有名的数字排列规律之一。帕斯卡通过这个规律发现了二项式定理，但是中国的科学家杨辉和12世纪的波斯数学家奥马尔·海亚姆知道该定理的时间要早于帕斯卡。

帕斯卡三角的构成如下：首行（第零行）为1。接下来的每一行都比上一行多一个数字，每个新的数字都是它上方的左右两个数字相加之和（如果某个数字的左上方或右上方没有其他数字，则用0来代替）。这个定义强调了帕斯卡三角与斐波那契数列之间的关系，而且与斐波那契数列的定义十分相似。通过这两个相似的定义，我们完全可以认为帕斯卡三角与斐波那契数列有着直接的数字关系。下面要做的就是将帕斯卡三角的每一行左对齐，并且上下对齐每一个数字，然后将每条斜线上的数字相加（见下页图），这样就得到了斐波那契数列（1，1，2，3，5，8，……）。

```
                    1
                  1   1
                1   2   1
              1   3   3   1
            1   4   6   4   1
          1   5  10  10   5   1
        1   6  15  20  15   6   1
      1   7  21  35  35  21   7   1
    1   8  28  56  70  56  28   8   1
  1   9  36  84 126 126  84  36   9   1
1  10  45 120 210 252 210 120  45  10   1
1 11 55 165 330 462 462 330 165 55 11  1
1 12 66 220 495 792 924 792 495 220 66 12 1
1 13 78 286 715 1287 1716 1716 1287 715 286 78 13 1
```

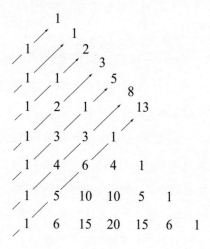

布莱瑟·帕斯卡（1623—1662）

法国人布莱瑟·帕斯卡凭借自己非凡的能力探索了许多领域。1654 年，帕斯卡遭遇了一场马车事故，虽然身体没有受伤，但心理上却发生了变化。

他因此远离社会大众并皈依了宗教，致力于哲学与神学的研究。他是一位杰出的作家，同时对物理学做出了重要贡献。帕斯卡研究了当时鲜为人知的概念，比如大气压和真空。他发明了液压机和注射器，还发明了机械计算器（有各种不同的叫法，统称为加法器）。他在数学方面的贡献让人印象尤为深刻，特别是概率论。

帕斯卡指出，二项式 $(a+b)$ 的同底数连续幂分别展开后，它们的系数可以排列成行，形成一个由数字组成的三角形。现在人们将这个三角形命名为帕斯卡三角，关于帕斯卡三角我们会在后文进一步详述。

$$(a+b)^4 = a^4 + 4a^3b + 6a^2b^2 + 4ab^3 + b^4$$

从第一项到最后一项的系数分别是 1、4、6、4、1，对应的是帕斯卡三角的第五行。

斐波那契数列中的质数

斐波那契数列含有许多奇特的性质。举例来说，如果数列中 a_n 的值是质数，那么 n 也是质数。然而相反的情况并不总是遵循这一规律。比如，设 $n = 19$（质数），则 $a_n = 4\ 181 = 37 \cdot 113$（非质数）。

如果我们观察一下该数列中的质数，还会发现一个尚未被证明的假设：斐波那契数列中有无数个质数。直到今天还没有人能够证明它是真是假。

质数

只能被 1 和自身整除的自然数被称为质数。除了 1 和自身外还能被其他数整除的自然数称为合数。举例来说，7、13、23 是质数，32（可以被 2、4、8、16 整除）是合数。任何大于 1 且不为质数的自然数都可以分解为有限个质数的乘积，可以说，质数是这些非质数自然数的"基础"，质数的名字便由此而来。

第二章

黄金矩形

在前一章中，我们知道了黄金比例的传统定义：把一条线段分为两部分，如果整条线段比较长部分等于较长部分比较短部分，那么这条线段就是按照中外比（黄金比例）分割的。换句话说就是整体比部分等于该部分比另一部分。现在我们来看一下如何使用黄金比例来分图形中的线段。

用黄金比例分线段

线段 AB 的长度为 a，我们希望在 AB 上找到一点 X 将其分为两段，两段之比为黄金比例。这一过程可以分为三个步骤：

1. 作一个直角三角形，两条直角边分别为 a 和 a / 2：

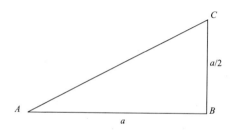

2. 以 C 为圆心，CB 为半径（半径长为 $a/2$）画弧，弧线与 AC 交于点 S：

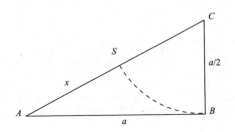

3. 再以 A 为圆心，AS 为半径画弧，弧线与 AB 交于点 X。点 X 满足 $AX = x = AC - (a/2)$，这一点就是黄金分割点。我们还可以验证点 X 是否满足 $AX / XB = \Phi$：

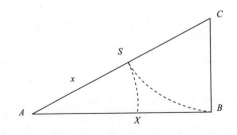

这种证明方式就是构造性证明。为什么通过这种证明方法就可以确定黄金比例？如果点 X 满足如下条件，那它便是黄金分割点：

$$\frac{AB}{AX} = \frac{AX}{XB}$$

$$\frac{a}{x} = \frac{x}{a-x}$$

$$x \cdot x = a \cdot (a-x)$$

$$x^2 = a^2 - ax$$

$$x^2 + ax = a^2$$

$$x^2 + ax + \frac{a^2}{4} = a^2 + \frac{a^2}{4} \qquad (1)$$

同时请记住，二项式平方的展开式为 $(s+t)^2 = s^2 + 2st + t^2$，因此表达式（1）可以变为：

$$\left(x + \frac{a}{2}\right)^2 = a^2 + \left(\frac{a}{2}\right)^2 \qquad (2)$$

我们将毕达哥拉斯定理套用到表达式（2）中，这样就能够确定在直角边为 a 和 $a/2$ 的直角三角形中，$(x+a/2)$ 是直角三角形的一条斜边。

因此斜边 AC 长为 $(x+a/2)$。如果减去 $CS = CB = a/2$，那么 $AS = x = AX$。

矩形的形状与黄金比例

现如今，成年人的钱包和手提包里放着成堆的卡片：信用卡、名片、图书馆借书卡、健身房的会员卡、驾照、身份证等。他们每天把这些卡片拿出来放回去，却很少注意到一件毫不起眼的小事：大多数卡片的尺寸和形状相同，或者至少是长宽比例相同。

想要找出原因，最简单的方法就是测量和比较这些卡片的边长。大多数情况下，长宽之比非常接近 1.618，也就是黄金比例。对于大多数卡片来说，长宽比相同绝非偶然，因为这种比例已经成为一个标准的尺寸。

我们用邻边之比来定义矩形的形状。如果比值相等，那么矩形的形状相同。用数学上的专业术语讲，邻边之比相同的矩形是相似矩形。因此，如果邻边为 m 和 n 的矩形与邻边为 p 和 q 的矩形（$m < n$ 且 $p < q$）为相似矩形，需要满足：

$$\frac{m}{n} = \frac{p}{q} \tag{3}$$

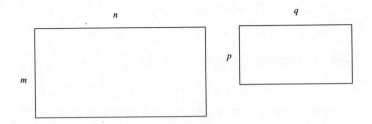

　　有一个非常简单有效的方法，不需要纸笔，不用测量边长，也不用计算比值就能确定两个矩形是否为相似矩形。你只需要把小卡片和大卡片的对应顶点（角）重合到一起，然后从该顶点做一条对角线到斜对面的顶点。如果这条线同时是两张卡片的对角线，那么它们就是数学上所说的相似矩形。

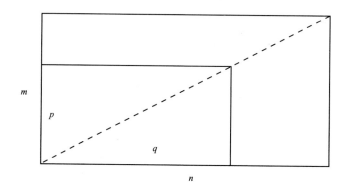

　　m/n 表示了矩形的特征，我们把它称为截面模数 k，其中 $m/n=k$。m/n 的值越小，矩形拉伸得越长。另一个特别的例子是当 m 与 n 相等时，我们就得到了一个非常熟悉的图形——正方形。正方形是特殊的矩形，它的模数是 1。所以，也许不是所有的矩形都与我们钱包和手提包里的卡片相似。如果我们观察电视和电影屏幕的演变，就可以清楚地发现矩形多种多样，并不只有黄金矩形一种。老电视机屏幕的比例为 4 ∶ 3。经过逐渐地演变，现代的宽屏数字电视屏幕有了新的标准，比例为 16 ∶ 9。这两个例子说明了矩形邻边长度之间的关系。

在两台不同的电视机上同时观看电影，就能发现不同比例对图像产生的巨大影响。举例来说，老电视机显示的人物更加细长，在垂直方向拉得更长；而在宽屏电视中播放老电影，人物看上去又矮又胖。造成这种差别的原因究竟是什么？哪台电视机中的图像发生了扭曲？通过简单的计算，我们知道了这两种屏幕并不是相似矩形。从数学的角度来看，显然 $9/16 \neq 3/4$。通过计算得到 $3/4 = 0.75$，而 $9/16 = 0.5625$。老电视机的模数更大。为了填补拉长的屏幕，宽屏电视水平扭曲了老电视机中老电影的图像，让图像看上去更宽。

而 4∶3 的屏幕更加接近正方形，如果在这种屏幕上观看专门为宽屏拍摄的电影，图像看上去会更窄。通常情况下，人们会裁剪左右两侧的图像以适应 4∶3 的屏幕，这样不但无法看到全部图像，而且播放效果还会大打折扣。

识别、绘制黄金矩形

我们已经解释过，如果一个矩形的邻边之比为黄金比例，也就是模数为黄金比例，那么它就是黄金矩形。从现在开始，我们将学习如何轻松地识别、绘制黄金矩形。

在此之前，我们最好从黄金矩形的某些性质入手，这样有利于对其进行更加深入的研究。前面已经讲过，为了将线段 AB 分成两部分，使得 AB 等于 Φ 乘以较长部分，AB 上的点 X

生活中的矩形：测量电视

众所周知，电视的尺寸是根据屏幕对角线的长度以英寸计算的（1 英寸大约等于大拇指第一节的长度）。在公制中，1 英寸相当于 2.54 厘米。

大多数欧洲国家最常用的单位制是公制，所以许多欧洲人（以及按照公制接受教育的学生）在购买新电视时很难搞清确切的尺寸。知道了屏幕的长度及其邻边之比，我们便可以用更容易理解的公制单位准确算出它的尺寸。公制单位不会给我们带来诸如电视预留位置不合适的麻烦。一台拥有 32 英寸屏幕的电视的长宽比为 16：9，对角线长为 32×2.54 = 81.28 厘米。所以它的两条邻边的真实长度为 9a 和 16a。虽然看起来不可思议，但我们将用历史上最古老的定理来解决现代问题。为了计算 a 的值，我们会用到毕达哥拉斯定理：

$$(9a)^2 + (16a)^2 = 81.28^2$$
$$81a^2 + 256a^2 = 337a^2 = 6\,606.44$$
$$a^2 = 6\,606.44/337 = 19.6$$
$$a = \sqrt{19.6} \cong 4.43 \text{ 厘米}$$

这样，两边分别长 9×4.43 = 40 厘米、16×4.43 = 71 厘米，屏幕的尺寸为 40 厘米 ×71 厘米。

经过同样的计算后，一台长宽比为 4：3 的 32 英寸老电视的公制尺寸为 49×65 厘米。由此我们得出了一个超出数学范畴的结论：用宽屏电视替换老电视机并不容易！尽管两种电视机的对角线一样长，但是原来放老电视机的壁橱根本放不下宽屏电视。

必须满足：

$$AB / AX = AX / XB$$

然后我们设 AX 的长为 M，XB 的长为 m。由于 $AB = M + m$，因此

$$(M + m) / M = M / m = \Phi \tag{4}$$

假设有一个与左下图相同的黄金矩形。如果把一个四边相等的矩形（即正方形）放在它较长边的一侧，这样就组成了一个邻边分别为 M 和 $(m + M)$ 的新矩形，如右下图所示。根据 $(M + m) / M = M / m$，如果最初的矩形是黄金矩形（满足 $M / m = \Phi$），那么这个新矩形也是黄金矩形，因为 $(M + m) / M = M / m$。通过这种方法，我们能够绘制出更大的黄金矩形。

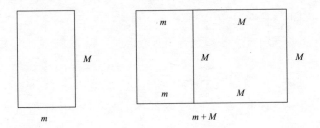

磐折形

古希腊人观察到某些生物的尺寸、数量虽不断增大，但形状总是保持不变。他们把这种现象称为磐折形增长（gnomonic growth）。

来自亚历山大的发明家和工程师希罗对磐折形（gnomon）定义如下："在任意原始图形上增加一个新图形，得到的图形和原始图形（在数学上）相似，那这个新增的图形便是磐折形。"黄金矩形的磐折形是正方形，边长等于黄金矩形的长边。

如下图所示，如果从黄金矩形内的短边一侧去掉一个四边相等的矩形（正方形），那么同样可以得到一个新的黄金矩形。接下来我们画一个边长为 m、$M-m$ 的矩形。很显然，这样得到的矩形更小，但它仍可以是黄金矩形，只要满足：

$$\frac{m}{M-m} = \Phi \leftrightarrow \frac{M-m}{m} = \frac{1}{\Phi}$$

由于等式（4）中 $M/m = \Phi$，因此 $\frac{M-m}{m} = \frac{M}{m} - 1 = \Phi - 1 = \frac{1}{\Phi}$ 同样证明了黄金矩形。

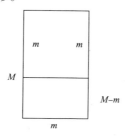

同前面提到的相似矩形一样，下面也有一个简单而快速的方法，不用测量边长就能确定矩形是否为黄金矩形。如左下图所示，把两个相同的矩形并排在一起，第一个矩形水平放置，第二个矩形垂直放置。然后像右下图那样用直线连接顶点 *A* 和 *B*。如果直线正好穿过顶点 *C*，那这两个矩形就是大小相等黄金矩形。

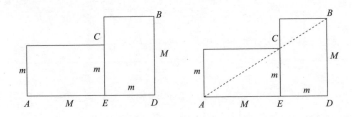

如何解释黄金矩形的这一性质？根据泰勒斯定理，两条平行线过三角形的两边所截线段成比例。右图中，要想让 *AB* 穿过点 *C*，只要

$$AD / DB = AE / EC$$

然而如果我们计算这几条边的长度就会得到：

$$(M + m) / M = M / m$$

又一次得到了定义 Φ 的等式（4）。

如果我们手边有一把黄金比例尺（参见下页框中的解释），

只需要将短边的两个顶点调整到与矩形的宽相同的位置，然后检查长边的两个顶点的间距是否与矩形的长相等。如果相等，那这个矩形就是黄金矩形。

制作黄金比例尺

黄金比例尺是一种构造简单、制作容易的工具。它的用途是绘制具有黄金比例的线段，或者验证两条线段是否符合黄金比例。

制作黄金比例尺的方法有很多。最简单的一种是选择硬纸板、塑料片或薄木板，将其切割为两根宽 2 厘米、长 34 厘米的细条，再把每一端削尖。在每根细条某一端的 13 厘米处钻一个小孔。

通过小孔把两根细条组装到一起，确保它们可以活动，用双脚钉的效果不错。当我们移动细条，就会得到两腰分别为 21 厘米和 13 厘米的等腰三角形。13 和 21 是斐波那契数列中的两个连续项，因此它们的比值接近黄金比例。在每一把黄金比例尺中，每一端的两个顶点之间的距离之比同样符合黄金比例的近似值。

黄金比例尺操作起来非常容易。要查看两条线段之比是否符合黄金比例，我们只要将黄金比例尺短边的两个顶点对准较短的线段，保持它的形状不变，然后将比例尺另一端的两个顶点对准较长的线段。如果顶点之间的距离与较长线段的长度相同，那这两条线段的长度之比就符合黄金比例。

制作黄金比例尺（续）

制作黄金比例尺的第二种方法相对复杂，但测量结果却更加精确，因为它能同时显示出两条成黄金比例的线段。这次我们需要的零件更细，四根 1 厘米宽的细条。其中两根长 34 厘米，一根长 21 厘米，另一根长 13 厘米。

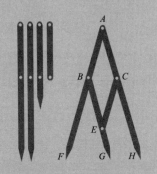

像右边第一张图一样，在每根细条上钻两个孔。第一个孔钻在顶端一侧，第二个孔距第一个孔 13 厘米。然后按照上方右图把 4 根细条组装到一起。组装完成后，黄金比例尺各部分的长度如下：

$AF = AH = 34$ 厘米

$BG = 21$ 厘米

$AB = AC = BE = CE = 13$ 厘米

$EG = 8$ 厘米

所有长度都是斐波那契数列的项。在使用黄金比例尺时，顶端 FG 与 GH 的长度之比总是非常接近黄金比例。当我们将 FG、GH 这一端放在任意线段上（最长 68 厘米），点 G 将该线段分成 M 和 m 两段，$M / m = \Phi$。

绘制黄金矩形

有了前面的学习，下面的内容就会轻松许多。要想绘制黄金矩形，我们只需要对目前掌握的所有性质加以运用就可以了。

我们首先画出正方形 *ABCD*，它的边将作为黄金矩形的宽（短边）。在正方形的一条边 *AB* 上标出中心点 *M*。以 *M* 为圆心，*MC*（点 *M* 到对边任意顶点的距离）为半径画弧，弧线与 *AB* 的延长线相交于点 *E*。

线段 *AE* 就是黄金矩形的长。然后只需要过 *E* 点做 *AE* 边上的垂线，与 *DC* 的延长线相交于点 *F*，这样就画出了黄金矩形 *AEFD*。

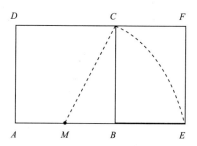

下面通过计算来验证一下它的邻边之比是否符合黄金比例。设 $AB = AD = 1$，那么 $AE = AM + ME = 1/2 + ME$。由于 *ME* 等于直角三角形 *MBC* 的斜边，因此我们可以用毕达哥拉斯定理得到

$$ME^2 = MC^2 = MB^2 + BC^2 = (1/2)^2 + 1^2 = 1/4 + 1 = 5/4$$

因此

$$ME = \sqrt{\frac{5}{4}} = \frac{\sqrt{5}}{2}$$

求出

$$AE = \frac{1}{2} + \frac{\sqrt{5}}{2} = \frac{1+\sqrt{5}}{2} = \Phi$$

这样，矩形 $AEFD$ 的邻边分别为 1 和 Φ。毫无疑问，它是一个黄金矩形。

黄金矩形的特征

如果我们从黄金矩形 $AEFD$ 中去掉一个正方形，剩下的矩形 $BEFC$ 仍是黄金矩形。如果在这两个黄金矩形中各画一条对角线，就会发现它们总是相交成直角。不仅是 AF 和 CE，DE 和 BF 这两条对角线也是如此（注意：每一对对角线相互垂直）。

请看下图：

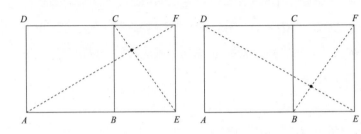

如果我们不断去掉正方形就会得到越来越小的黄金矩形。如果在这些黄金矩形中画出与上图相同的对角线，我们就会发现它们都是最开始的对角线 DE 和 BF 上的线段。因此这些对角线总是相互垂直，它们的交点始终都是点 O：

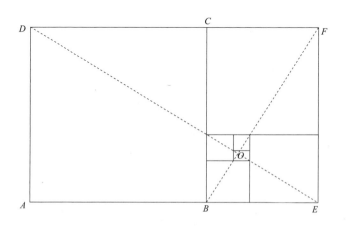

如果我们可以用显微镜来观察所有去掉正方形的黄金矩形，那么所有对角线的交点仍是 O，而每次去掉的面积都是原来面积的 1 / Φ。只有黄金矩形才拥有这个奇妙的特性。点 O 就像一个旋涡，一个几何黑洞，用无限大的吸引力聚集了无数个黄金矩形在其周围。

如果我们把正十边形（十条边和十个角都相等的多边形）内接于圆内，圆的半径比正十边形的边长恰好是黄金比例。

因此我们可以说，黄金矩形的长就是圆的半径，而它的宽就是圆内接正十边形的边长。我们会在第三章中对这种关系做出更加详细的解释。

正多边形和内接多边形

　　各边各角都相等的多边形为正多边形。只有各边相等或只有各角相等的多边形不是正多边形。举例来说，菱形各边相等，但角度不同，因此不是正多边形。拥有四条边的正多边形只有正方形。矩形的四个内角都是 90°，但是四条边两两相等，因此不是正多边形。

　　各个顶点都在同一个圆上的多边形是内接多边形。如果一个正多边形有 n 条边，画出它的外接圆，连接外接圆的圆心与正多边形的两个相邻顶点，这样就构成了一个等腰三角形。它的两腰就是外接圆的两条半径，底边与正多边形一条边的边长相等。该三角形的不等角（又称圆心角）的角度为（360 / n）°。

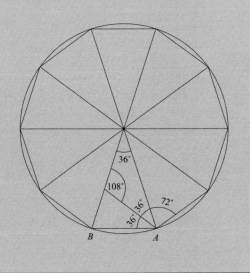

其他著名矩形

我们已经知道电视屏幕是一种常见的矩形，因为它频繁地出现在人们的日常生活中。下面来看一下每天都会见到的其他矩形，我们会拿它们与黄金矩形做一番比较，以便更好地理解黄金矩形的独特性。

√2矩形

首先画出边长为 1 的正方形 $ABCD$，然后以该正方形的一个顶点为圆心（本例中为顶点 A），以该顶点所在的角到对角的距离为半径（AC）画弧。圆弧与 AB 的延长线相交于点 E。AE 等于正方形 $ABCD$ 的对角线，长度为 $\sqrt{2}$，因此，这个矩形的邻边分别为 1 和 $\sqrt{2}$。

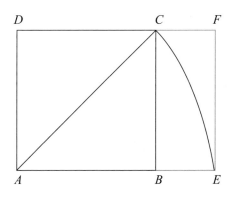

√2矩形的特点是，如果沿长边的中点将其一分为二，就

会得到新的 $\sqrt{2}$ 矩形，面积是最初矩形的一半。新矩形的短边为 $\sqrt{2}\,/\,2$，因此邻边之比还是 $\sqrt{2}$。

通过计算得到 $\dfrac{1}{\sqrt{2}\big/2}=\dfrac{2}{\sqrt{2}}=\sqrt{2}$ 。$\sqrt{2}$ 矩形的磬折形就是它自己。

上面的过程可以重复无数次来不断获得新的 $\sqrt{2}$ 矩形。我们同样可以将该矩形的宽延长一倍来得到 $\sqrt{2}$ 矩形。这一过程重复数次后便如下图所示：

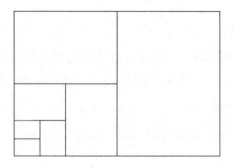

人们将 $\sqrt{2}$ 矩形的这一特点应用到了欧洲纸张的尺寸上，也就是众所周知的"DIN 标准"。"DIN"是德国标准化学会（Deutsches Institut fur Normung）首字母的缩写，该机构在 1922 年推出了纸张尺寸的标准。这一标准最早由工程师沃尔特·波斯特曼（Walter Porstmann）创造。

纸张最大的尺寸为 A0，它是面积为 1 平方米的 $\sqrt{2}$ 矩形。A0 纸可以裁剪为其他不同的尺寸。每种规格按照 A0 纸的分割顺序依次编号（A1、A2、A3、A4 等等）。纸张一分为二后，新矩形的邻边之比不变。

就内接多边形来说，√2矩形的宽是圆的半径，长是内接于圆内的正方形的边长。举例来说，如果圆的半径为 1，内接正方形的边长就等于 √2。√2矩形经常应用于建筑的地基。

$1+\sqrt{2}$ 白银矩形

在宽为 1 的√2矩形一侧增加一个边长为 1 的正方形，这样就得到了白银矩形，它的邻边之比为白银比例。这种矩形的模数为 $1+\sqrt{2}$。我们在前一章中看到，它是方程 $x^2-2x-1=0$ 的解，人们把它称作白银比例或白银数。通过这种方法得到的白银矩形比√2矩形更长，所以拥有这种形状的结构更窄，比如寺庙的门或建筑的楼层平面图。

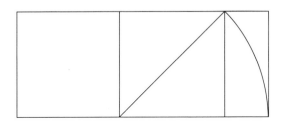

科尔多瓦矩形

西班牙的科尔多瓦地区有不少摩尔人留下的遗迹，其中最吸引人的当属著名的科尔多瓦大清真寺，又称梅斯基塔，寺内有一个八边形的米哈拉布（指示麦加方向的圣龛）。西班牙建筑师拉斐尔·德·拉·奥斯（1924—2000）在研究过主要遗迹的比例后，发现许多结构都含有同一种矩形。奥斯将他记录下的比例通过矩形来表示。矩形的宽等于圆内接正八边形的边长，矩形的长等于该圆的半径。这就是科尔多瓦矩形，它比黄金矩形稍微短一些。

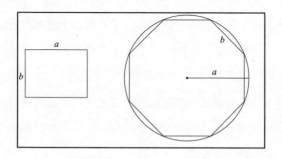

为了计算科尔多瓦矩形的模数，我们必须找到正八边形的一条边 L 作半径 R 的函数。一旦确定了这些变量，就能求出模数为

$$\frac{R}{L} = \frac{1}{\sqrt{2-\sqrt{2}}} \cong 1.307$$

这就是所谓的科尔多瓦比例或科尔多瓦数。

螺线与黄金比例

人们可以在螺线中找到黄金比例的某些不可思议之处。

假设有一个黄金矩形，我们去掉其中的正方形来获得更小的黄金矩形，如下图所示，相信你已经对这个过程相当熟悉了。

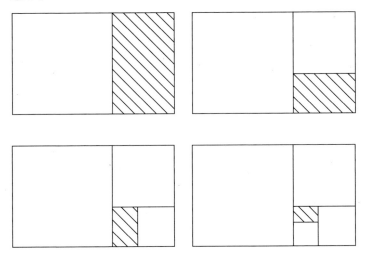

接下来，我们在每个正方形内画四分之一圆。每条半径都是它们所在正方形的边，圆心是新出现的黄金矩形的顶点，即图中的点 1、点 2、点 3、点 4、点 5 等：

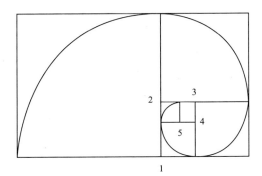

随着黄金矩形不断变小，如果我们继续画圆弧就会得到一个所谓的对数螺线的近似图形：

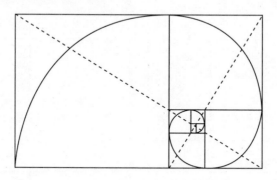

对数螺线是一种曲线，不管大小如何变化，它的形状依然保持不变。这种特性被称为自相似性。

等角是对数螺线的另一个重要性质，也就是说，如果我们从对数螺线的极点（中心点）画一条直线到其他任意点，这条线与对数螺线相交的夹角固定不变。根据这个性质，如果我们希望自己与观察点的夹角保持不变，就需要沿着对数螺线的轨迹接近这一点。因为极径（连接极点与对数螺线上的点的直线）以几何级数增长，所以对数螺线又称几何螺线。然而当极径扫过螺线的圆弧时，它所形成的夹角以等差数列增大。

严格地说，我们在黄金矩形中画出的曲线并不是螺线，因为它是人为地将不同的圆弧连接在一起，但与对数螺线已经十分接近。对数螺线与四分之一圆（90°弧）不相切，但是相交，而相交形成的夹角非常小。真正的对数螺线看起来应该是这样的：

对数螺线与雅科布·伯努利

　　对数螺线及其性质让众多数学大师为之着迷。雅科布·伯努利（1654—1705）就特别痴迷于对数螺线，因此花费了数年的时间进行研究。他对这种螺线非常喜爱，甚至要求把它和一句铭文刻到自己的墓碑上。墓志铭的原文为"Eadem mutato resurgo"，意为"纵然变化，依然故我"。尽管伯努利提出了明确的要求，但工匠刻出的却不是对数螺线，而是一连串大小不一的弧线，与伯努利的墓志铭完全不符。此刻，这位大师或许正气得在坟墓里打转！

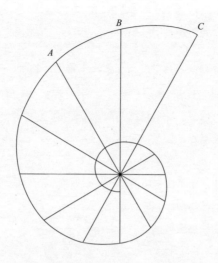

如果我们保持螺线的旋转扩张，同时在高度上增加类似的变化，这样就创造了一条三维螺线，请看下图：

螺线的魅力不仅让科学家为之着迷，而且还让许多艺术家沉醉其中。

荷兰画家毛里茨·科尔内留斯·埃舍尔（1898—1972）通过绘制不可能图形、镶嵌图案和幻想世界而闻名。这幅作品完全以数学为基础。埃舍尔经常在创作中使用这种螺线，比如这幅创作于 1953 年的版画，它有一个很简单的名字，就叫《螺线》（*Spirals*）。

　　我们还没有发掘出螺线的所有特性。事实上，对螺线的研究才刚刚起步。稍后我们会看到黄金三角形中的螺线以及它们与生俱来的自然之美。

第三章

黄金比例与五边形

亚述人很自然地就创造出了五边形。五边形出现在他们的泥板上，有时我们仍然可以看到印在上面的五个手指印。然而这个图形却让古希腊人十分头痛。他们认为只有使用直尺和圆规才能绘制几何图形，但只用这两样东西似乎不可能画出正五边形。

正五边形

古希腊人最早开始使用尺规作图，这种方法存在很大的局限性，其中的某些缺陷在我们看来十分可笑。作图的方法包括画点、直线（或线段）以及圆的一部分（或弧线），作图工具则是长度不确定、没有刻度的直尺和圆规。古希腊人使用这些工具可以作出线段的平分线（线段中点的垂线）、角平分线、两点间的对称点，过一点作已知直线的平行线或垂线以及点在直线上的投影。他们还可以把任意线段平均分成一定数量的小段。

然而有些图无法使用尺规完成，因此就产生了一系列著名的经典问题。例如，当时的人无法解决"化圆为方"（作出一个与已知圆面积相等的正方形）、"立方倍积"（作出一立方体的棱长，使该立方体的体积等于另一个已知立方体的两倍）、"三等分角"（将一个给定的角分成三个相等的角）这样的问题。仅仅使用尺规同样无法作出某些正多边形，比如正七边形。下面我们会看到如何作出与黄金比例相关的正五边形。

不管怎样，在黄金比例的帮助下，使用尺规便可以作出正五边形。这样我们就把黄金比例融入了当时的古典思想中。

高斯（1777—1855）

德国数学家卡尔·弗里德里希·高斯是最伟大的科学家之一，去世后被人们称为"数学王子"。虽然在其他几个领域有着同样杰出的表现，但高斯仍选择专门研究数学。他做出这样的决定在某种程度上是因为发现了正十七边形的尺规作图法。高斯在 18 岁时就取得了这一突破，这不仅是他职业生涯中的关键一刻，而且对数学的未来也至关重要。

我们现在来看一个已经画出了对角线的正五边形。

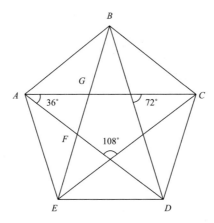

请注意三角形 *BED*，它是图中的三种等腰三角形之一。设它的两腰（即正五边形的对角线，相当于五角星的边）*BE*、*BD* 为 *e*。此外，设底边 *ED*（即正五边形的一条边）为 *p*，*p* = 1。我们将验证 *EB* / *ED* = *e* / *p* = *e* / 1 = Φ，继而验证它们的比符合黄金比例，即 *e* = Φ。

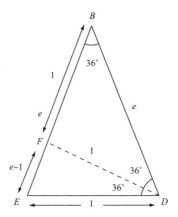

纸条折成的正五边形

　　这里有一个简单的方法来创造正五边形。虽然有局限性，但只要我们不刻意追求完美，还是会得到一个比较理想的图形。你只需要在一个纸条上打个结，就能得到一个正五边形。请仔细看图来找出其中的原理。在折出的正五边形 *ABCDE* 中，我们可以将它的两条边看作两个相同直角三角形的斜边，而较长的直角边与纸条的宽相等……

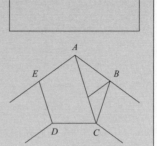

　　将角 *D* 平分得到三角形 *DEF*。三角形 *DEF* 与三角形 *BED* 的各角相等，因此它们在数学上被称为相似三角形。这样就符合：

$$EB / ED = ED / EF \qquad (1)$$

　　因为 $ED = FD = FB = 1$ 且 $EF = EB - 1$，将其代入等式（1）得到：

$$\frac{EB}{1} = \frac{1}{EB-1}$$
$$EB^2 - EB = 1$$
$$EB^2 - EB - 1 = 0$$
$$EB = \frac{1+\sqrt{5}}{2} = \Phi$$

莫利定理

由于希腊人无法把一个角三等分,所以他们对这方面的关注很少,因而也就不知道简单精妙的莫利定理。如果我们在每个角的顶点作两条直线,将每个内角平均分成三部分(三等分),那么这六条直线将分别与邻角的直线两两相交于三个点,而这三点始终构成等边三角形。不论在什么样的三角形内,六条三等分线的交点都会构成等边三角形。这个定理的意义非同寻常,因为古希腊人早在 2 000 年前就已经总结出了三角形的大部分性质,但是对此却一无所知。莫利定理的出现距今已有 100 多年的历史。弗兰克·莫利(1860—1937)在 1904 年发现了这个定理,直到 20 年后才将其公之于世。

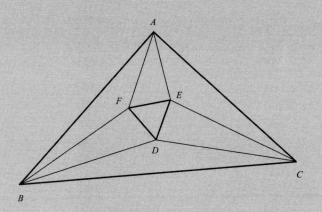

等边三角形 FED 即莫利三角。

这样我们就验证了先前的假设：正五边形的对角线与边之比为黄金比例。

但是五角星和黄金比例还有着更深层次的关系。下面我们来看看正五边形与画出对角线后所形成的三角形。所有三角形中只有三种不同的角：36° 角、72° 角、108° 角。因为 72 是 36 的两倍，108 是 36 的三倍，所以三个角的数值都是 36 的倍数。

正五边形内有许多等腰三角形，但是只有三种类型的等腰三角形：三角形 ABE、三角形 ABG、三角形 AFG。其他所有等腰三角形都与其中一种相似，而且只有四种特定长度的边。设 $BE = a$，$AB = AE = b$，$AG = BG = AF = c$，$GF = d$，且 $a > b > c > d$。

我们把正弦定理应用于每个三角形，这样就可以确定在任意三角形中，一边及其对角的正弦值之比是常数。在三角形 ABE 中：

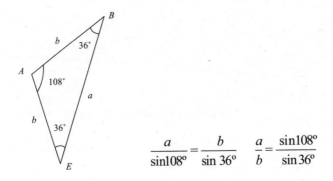

$$\frac{a}{\sin 108^\circ} = \frac{b}{\sin 36^\circ} \qquad \frac{a}{b} = \frac{\sin 108^\circ}{\sin 36^\circ}$$

在三角形 *ABG* 中：

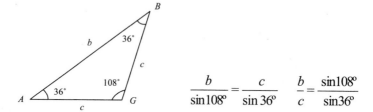

$$\frac{b}{\sin108°}=\frac{c}{\sin36°}\qquad\frac{b}{c}=\frac{\sin108°}{\sin36°}$$

最后，在三角形 *AFG* 中：

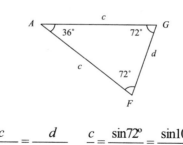

$$\frac{c}{\sin72°}=\frac{d}{\sin36°}\qquad\frac{c}{d}=\frac{\sin72°}{\sin36°}=\frac{\sin108°}{\sin36°}$$

因为 $72°=180°-108°$，而两个互为补角的正弦值相等，所以 $\sin72°=\sin108°$。

这样就得到了下面的比值：

$$\frac{a}{b}=\frac{b}{c}=\frac{c}{d}=\frac{\sin108°}{\sin36°}=1.618033988\cdots\cdots$$

　　将四条边由长到短依次排列，经由三角函数推导，每一条边与后一条边的比值不变，始终为黄金比例。

　　我们还可以用另一种方法求出黄金比例。从第一个等式开始，请记住 $c = a - b$，正五边形的边长始终为常数，即 $b = 1$。

$$\frac{a}{b} = \frac{b}{c} \rightarrow \frac{a}{b} = \frac{b}{a-b} \rightarrow \frac{a}{1} = \frac{1}{a-1} \rightarrow a^2 - a - 1 = 0 \rightarrow a = \frac{1+\sqrt{5}}{2}$$

$$a = \Phi$$

　　这样，每对边长的比值都为黄金比例。

黄金三角形

　　我们刚才已经看到了三种等腰三角形，如果按照内角的度数划分，那么正五边形及其对角线就形成了两种等腰三角形。第一种等腰三角形的三个角分别为 36°、36°、108°，而第二种等腰三角形的三个角分别为 36°、72°、72°。在这两类等腰三角形中，长边与短边之比为 Φ，因此我们将其称为黄金三角形。人们有时会分别赋予它们不同的名称。内角为 36°、72°、72° 的三角形被称为黄金三角形，而内角为 36°、36°、108° 的三角形被称为黄金磬折形。

　　画出正五边形的对角线后，在它的中心就会出现另一个由黄金三角形包围着的正五边形，而且五角星的 5 个角也是黄金三角形。

有了黄金三角形，我们便可以用尺规作出正五边形。我们首先作一条长为 1 的线段，再根据黄金比例在该线段上作长为 x 的线段（前一章中已经讲到），使 $1/x = \Phi$。然后我们作边长为 x 和 1 的黄金三角形。以该黄金三角形 36° 角（对边长为 x）的顶点为圆心绘制一个半径为 1 的圆。圆内接正十边形的边长为 x。作出这个正十边形后，依次连接两个相间的顶点，这样就得到了一个正五边形。

用同样的方法还可以作出正十边形，古希腊的几何学家就是这样证明了黄金比例在数学上存在的可能性。

根据刚才看到的例子，黄金三角形的各边分别是圆内接正十边形的边和圆的半径：

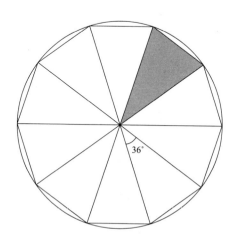

我们在前一章中讲到了通过黄金矩形作对数螺线，而通过内角为36°、72°、72°的黄金三角形 *ABC* 也能作出对数螺线（其中 *AB* / *BC* = Φ）。如果平分角 *B*，将角 *B* 的平分线延伸与 *AC* 相交于点 *D*，就能得到三角形 *DAB* 和三角形 *BCD*。第一个三角形 *DAB* 的内角为36°、36°、108°，因此它是黄金三角形。

第二个三角形 *BCD* 与最初的三角形 *ABC* 互为相似三角形，因此它也是黄金三角形。如果继续平分角 *C*，就会得到另一个三角形 *CDE*，而它又与前两个三角形相似：

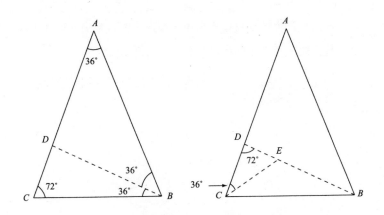

现在是个加深印象的好机会，这个例子又让我们想起了在黄金矩形中，通过去掉正方形不断获得小黄金矩形的过程。在这个例子中，如果我们继续平分72°角，就会在最初的黄金三角形 *ABC* 中得到越来越小的黄金三角形。这个过程相当于从黄金三角形中去掉黄金磬折形。我们通过这种方法连续得到黄金三角形，继而能够作出一条不断靠近极点的螺线，这与黄金矩形中的"上帝之眼"（即对数螺线）十分相似。

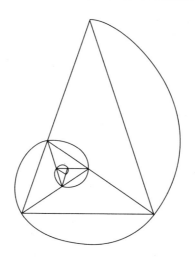

五角星的象征意义

人们自古以来就抬头仰望星空，那么古人为什么会用五角星来代表星星呢？常识告诉我们那是因为星星会闪烁。高层大气中空气密度的变化会造成一种星光闪烁的视觉效果。虽然我们的祖先在很早以前就试图通过观察星空来破解其中的奥秘，但直到今天星空依旧没有什么变化。用五角星来代表星星可以追溯到很久以前，人们在美索不达米亚的泥板以及埃及的象形文字中都发现了五角星。

神秘的毕达哥拉斯学派将五角星作为自己的标志。对于他们来说，"pentad"（数字 5）代表着健康与美丽。据推测，数字 "2" 是大于 1 的第一个偶数，又称"diad"（数字 2），数字"3" 是大于 1 的第一个奇数，又称"triad"（数字 3），5=2+3，因 此 5 被认为是和谐的象征。

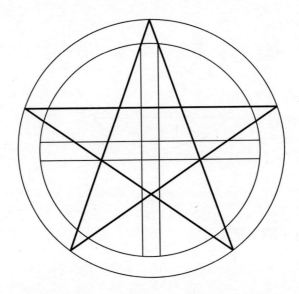

作为神秘组织的标志，五角星是一个具有悠久历史的几何图形。 它不仅出现在玫瑰十字会的谜题中，还经常出现在共济会地方分 会的标志中。

　　五角星还经常出现在我们的日常生活中并且被广泛使用。 举例来说，它出现在洛杉矶的好莱坞星光大道上，象征着各类 明星，同时也是很多革命团体的标志。

　　它是许多旗帜上的核心图形，但这并不意味着所有印着五角星的旗帜都会用来宣扬革命思想。它出现在摩洛哥等一些伊斯兰国家的国旗上，代表着伊斯兰教的五功。除此之外，美国国旗上代表各州的星星也是五角星。

马蒂拉·吉卡（1881—1965）

马蒂拉·吉卡身兼罗马尼亚王子、作家、罗马尼亚的外交官、数学家等身份，后来在美国成为大学教授。他是一名研究黄金比例的学者，在《自然与艺术中的比例美学》（*Aesthetic of Proportions in Nature and in the Arts*，1927）、《黄金数》（*The Golden Number*，1931）等著作中讨论过黄金比例，现在这些书都被视为经典。他的著作成功地将黄金比例这一主题引入现代欧洲文化中。他在这些书中提出了一个仍然广为人知的论题，那就是古典时代的希腊艺术家有意识地运用了黄金比例。虽然这是一个非常流行的观点，但并未被其他专家接受，而且一直存在争议。

吉卡的作品试图涵盖所有的古典知识，他尤其关注柏拉图哲学以及柏拉图的观点，认为数字是超越了抽象概念的存在。这些作品在世界各地广受欢迎，虽然支持者有时过于热情，但其中仍不乏像法国诗人保罗·瓦莱里这样的名人。

周期性镶嵌与非周期性镶嵌

在紧张忙碌的生活中，我们几乎没有时间去关注周围的环境，也不会去留意人们行走的地面。因此我们便看不到脚下的几何图形（可能偶然跌倒后会看上几眼）。在这一小节中，我们将讨论一下人们身边的拼砖、瓷砖以及马赛克的形状和图案。

我们都知道马赛克是什么。但是为了更好地理解下面给出的数学分析，最好还是先了解一下马赛克的准确定义。马赛克是通过一种名叫特塞拉（小瓷砖）的片状物拼接在一起，相互之间紧密排列并且不重叠的表面覆盖物。

最让数学家感兴趣的是由多边形构成的马赛克图案，因为这些多边形有公共边和公共顶点，所以就为几何实验提供了绝佳的条件。马赛克镶嵌看似是一件苦差事，但马赛克图案却到处都有，比如我们自家卫生间的地板和墙面上，工作场所甚至大街上都十分常见。

镶嵌马赛克的挑战是要找到重复铺满一块区域的最小镶嵌图形。最小镶嵌图形可以是一块简单的瓷砖，通过平铺填满空间，这意味着马赛克不需要旋转或对称，只要不断重复镶嵌就可以了。这个过程就是所谓的周期性镶嵌。非周期性镶嵌并不是把最小镶嵌图形平铺在平面上，而是根据黄金比例完成这项工作。

假设我们必须用同一种正多边形的马赛克来铺设地面（或

正多边形的内角

　　下面这种方法可以算出任意正多边形的内角。由于正多边形各个内角全部相等，所以我们首先要知道正多边形的边数并算出它的内角和，然后用内角和除以边数得到每个内角的度数。

　　假设一个正多边形有 A 条边，为了算出它的内角和，我们选取任意顶点，然后画出该点到其他各顶点的对角线。对角线共有 $(A-3)$ 条，因为除了两个相邻的顶点以外，选取的顶点可以和其他所有的顶点相连。这些对角线一共组成了 $(A-2)$ 个三角形。这些三角形的内角和等于最初正多边形的内角和。我们都知道任意三角形的内角和为 $180°$。因此正多边形的内角和为 $S=(A-2)\cdot180°$。

　　拥有 A 条边的正多边形，它的每个内角度数为 $s=\dfrac{(A-2)\cdot180°}{A}$。

　　我们以最常见的正多边形为例，将表达式中的 A 替换为边数，就得到了下面的表格：

边数	3	4	5	6	7	8	10	12
角（度数）	60	90	108	120	128.6	135	144	150

任何其他平面），应该选择哪一种呢？我们通常认为只要是正多边形的马赛克都可以，但实际上并不是这样。例如正五边形的马赛克就不能用于镶嵌。为了证明这一点，我们需要画一些大小相同的正五边形，将它们从纸上剪下来后放在平面上，尽量将其不留缝隙地拼接起来。首先设法让正五边形的顶点相接。前两个正五边形可以做到这一点，但是当我们拼上第三个正五边形后，就会发现多出了一部分空间，而这部分空间无法再放入一个正五边形。

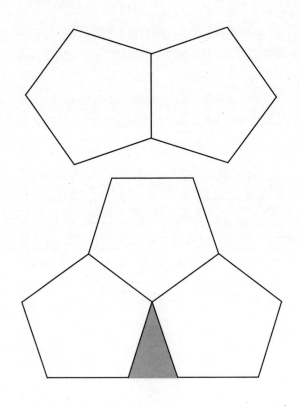

正五边形的每个内角为 108°。对于三个顶点相接的正五边形来说，三个角相加等于 3 × 108° = 324°。如果相加等于 360°，也就是一个周角的话，那多余的空间就不会存在。现在少了 36°。如果再增加一个正五边形，就会出现相反的问题，它们的角度远远超过了 360°。

这样我们就知道了镶嵌多边形的必要条件：每个内角相加必须等于 360°。换种说法就是正多边形马赛克的一个角必须能被 360° 整除。那么哪些正多边形符合这一要求？答案只有正六边形、等边三角形和正方形。只有这三种正多边形的马赛克能够用来镶嵌。由于正六边形可以分成六个相同的等边三角形，因此只有两种正多边形可以在平面上镶嵌，它们是正方形和等边三角形。这两种图形被大量使用，在你身边的地板和墙壁上都能见到。

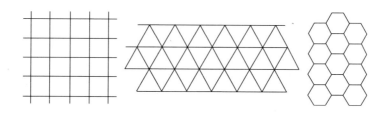

但是我们不会因为正五边形无法完美镶嵌就轻易放弃它。事实上，只要它不是"正"五边形就可以镶嵌，比如由正方形和等边三角形组成的五边形，或许我们更习惯将其描述为一个打开的信封。它是一个等边多边形，每条边的长度相等，但并不是所有的角都相等。人们还发现了许多其他可以镶嵌的不规则多边形。之所以很少用到它们，可能是因为不够美观。这并不是它们的几何缺陷。

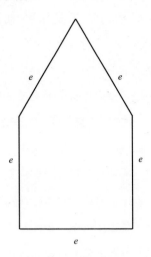

阿尔罕布拉宫是纳斯瑞德王朝的宫殿，该王朝统治着西班牙的格拉纳达，1492 年被天主教军队征服。阿尔罕布拉宫是一座令人印象深刻的几何艺术古迹，也是世界上游客参观人数最多的旅游景点之一。如果我们分析这座宫殿的艺术装饰，就会发现它们都是基于某些简单的元素构成的。

我们会用三种镶嵌图形来证明这一点。通过对它们进行平移、重复镶嵌就会取得一些意想不到的效果。今天在我们身边还能够看到许多复杂的镶嵌图案，有些仍然体现着摩尔人古迹的艺术特色。

阿尔罕布拉宫中的第一种镶嵌图形称为"骨头"或"纳斯瑞德骨头"。下面是它的设计方法以及镶嵌的效果：

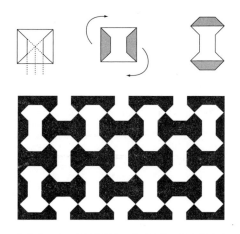

首先在一个正方形内画出两条对角线，将它的底边平均分成四段，在其交点处作垂线。接下来将垂线与对角线分割出的两个梯形移出，分别放置在正方形的上下两端。

第二种图形由三角形变形而来，被称为"小鸟"。这种形状的马赛克在今天十分常见：

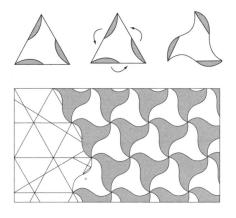

首先从等边三角形的每个顶点依次向每一条边的中点画弧。然后将弧形部分旋转到最初的三角形外侧。

第三种图形十分特别。它也来自正方形，人们将其称为"钉子"。

如果我们要在镶嵌艺术中寻找其他数学原理，就不能不提一个人，他就是荷兰艺术家埃舍尔。埃舍尔出生于 19 世纪末，他很早就将数学融入了自己的创作中。然而在 1936 年游览过阿尔罕布拉宫后，他才开始对镶嵌艺术产生兴趣。

到目前为止，我们已经知道了只使用一种镶嵌图形的正多边形（等边三角形和正方形），但是还有一种半规则的镶嵌图形，由成对不同的正多边形组成。和之前一样，镶嵌的

首先以正方形的两条边为斜边，分别在正方形内画出两个直角三角形。然后将它们分别放到正方形外侧的邻边上。

在这幅镶嵌作品中,埃舍尔将两只小鸟用作了镶嵌图形,尽管它们不是几何图形,但是仍然能够不留空隙地铺满平面。

唯一要求是最小镶嵌图形拼接在一起后,同一顶点的各角相加等于360°。

许多设计都尝试着重复镶嵌图形来铺满空间,不留空隙。镶嵌图案会出现在五彩釉雕(又称石膏装饰)、窗栅、路面以及印花布料上。还有的出现在手工艺品上,比如针织品、钩织品、刺绣品。

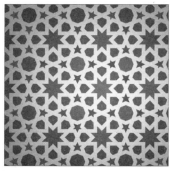

栏杆、马赛克以及布料上的图案经常通过重复镶嵌图形来铺满一片区域。而镶嵌图形通常都是几何图形。

设计你自己的镶嵌图案

要想设计出阿尔罕布拉宫中那样的图案并不容易，但这却是一次有趣的教学练习。我们不仅要创造出新颖的图案，还要掌握镶嵌背后的数学原理。这些例子可能会为你带来灵感，尝试着去设计一个属于自己的图案吧。

瓦片

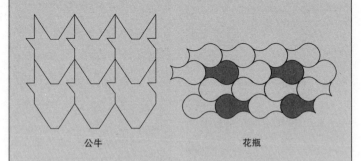

公牛   花瓶

彭罗斯镶嵌

非周期性镶嵌不是通过平铺单个最小镶嵌图形来布满整个平面。即使能够进行非周期性镶嵌，这一过程也会非常复杂，至少需要用到许多不同形状的马赛克。直到 20 世纪 70 年代，它仍是一项数学难题。

非周期性镶嵌的第一种可能是将图案放射状排列。比如我们可以用单个的等腰三角形进行镶嵌。如果将下图切成两半，一半向左平移，就会形成一种非周期性镶嵌的螺线图案。

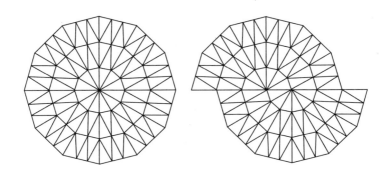

另一个挑战就是如何设计一套只用于非周期性镶嵌的图形。数学界的学者长期以来始终关注着这一问题，但他们所能找到的实例都需要大量的最小镶嵌图形。1971 年，美国数学家拉斐尔·米切尔·鲁宾逊设计的一套方案只含有六种最小镶嵌图形。这些图案都是在正方形上添加凹陷或凸出的部分后产生的：

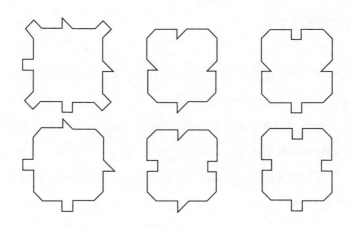

　　1973 年，物理学家兼数学家罗杰·彭罗斯爵士将六种减少到了四种，一年后又减少到了两种。彭罗斯只用两种简单的图形就能够进行非周期性镶嵌。这两种图形被人们形象地称为"风筝和飞镖"。请参看下图，当它们组合到一起便形成了一个边长为 1、两对内角为 72° 和 108° 的菱形。毫无意外，这两对角清楚地告诉了我们黄金比例就在其中。

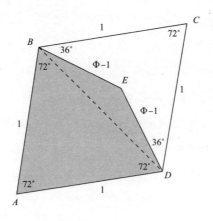

　　"风筝"（阴影部分）是由两个黄金三角形沿一条公共边组成的。因此，两条长边的长度为 1，而两条短边的长度为 $\Phi-1=1/\Phi$。它有三个内角为 72°，最大的内角为 144°。"飞镖"是由两个黄金磬折形沿较短的公共边组合在一起。它是一个凹四边形，有两条边与"风筝"重合。它有两个 36° 和一个 72° 的内角，剩下的内角为 216°（大于 180° 的平角）。

　　显然我们可以将这两种图形组合为一个菱形进行周期性镶嵌。如果不允许周期性镶嵌的话，还有另一种方法。我们用字母标注每个顶点并附加条件，只有标注相同字母的顶点才可以在镶嵌时重合到一起。

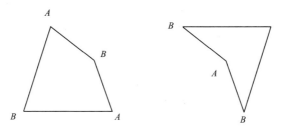

　　随着彭罗斯镶嵌的不断扩大，在每一组镶嵌的图案中，"风筝"和"飞镖"的数量之比都越来越接近黄金比例。直觉告诉我们似乎需要更多的"飞镖"而不是"风筝"，但实际上恰好相反。"风筝"的数量是"飞镖"数量的 Φ 倍。

　　彭罗斯还自创了另一套镶嵌方案，一共包含两个菱形，其中一个由两个黄金三角形组成，另一个由两个黄金磬折形组成：

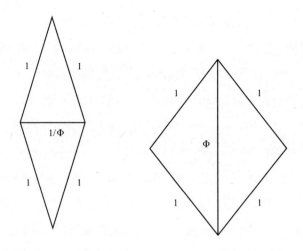

　　要想用这一套图案进行非周期性镶嵌，我们必须以某种方式标注它们的边或顶点。在镶嵌完成的作品中，两种图形的数量比为黄金比例，其中短粗的菱形多于细长的菱形。

用五角星与黄金比例创造的游戏

　　大部分概率游戏都是以数学为基础，因此我们不难找到与黄金比例相关的游戏。此外，五角星自古以来就是许多游戏的棋盘。在古埃及，五角星也被用于最古老的棋盘游戏之一。在埃及的库尔纳神庙里，人们发现了一个雕刻成五角星的游戏棋盘，可以追溯到公元前 1700 年左右。这个游戏叫作五角星棋。如今居住在希腊克里特岛上的人们还在玩着这种形式的游戏。

黄金跳棋

在几千个使用五角星棋盘的游戏中，五角星棋、金星棋、黄金跳棋、兀鹫棋只是其中的一小部分。

虽然这些游戏十分古老，但今天的人们依然玩着其中的大多数，而且各

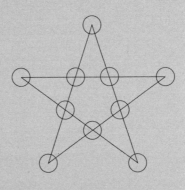

种游戏规则的说明也很简单易懂。在历史上，五角星棋是一种十分有趣的游戏，而黄金跳棋与黄金比例有着特殊的联系。下面我们就来看一下这两种游戏的规则。五角星棋是一种单人智力游戏，玩家的最终目标是将九枚棋子放到五角星的十个顶点上，其中包括五个角的顶点和小五边形的五个顶点。因为总共有十个点，所以始终有一个点上没有棋子。棋子每次可以移动三个顶点。（或者说可以"跳"过一个点）首先把棋子放在任意空的顶点上，此点计作"一"；然后沿直线移动这个棋子到第二个顶点（这个顶点上有没有棋子都可以），此点计作"二"；最后将它移动到第三个顶点（这个顶点上不能有棋子），此点计作"三"。随着棋子不断从初结点跳出占满棋盘，游戏的难度也在不断增加。黄金跳棋同样使用九枚棋子。首先把全部棋子放在棋盘的顶点上，剩余一个空的顶点。每位玩家轮流下棋，同国际跳棋一样，一枚棋子跳过另一枚棋子后落到空白顶点，被跳过的棋子算是被吃掉。握有最后一枚棋子的玩家为赢家，此时整个棋盘上只有一枚棋子。

古代的尼姆游戏充满了数学的趣味性，所以我们再来讲一个由它演变而来的游戏。该游戏使用到了斐波那契数列中的黄金比例，因此也被称为"斐波那契尼姆"。我们首先用 *N* 来代表未知数量的筹码。两名玩家从一堆筹码中轮流拿取若干。拿走最后一个筹码的玩家胜出。当然，最先开局的玩家不能拿走全部筹码。然而，在接下来的过程中，玩家只需要遵守以下游戏规则就可以了：

镶嵌艺术——"风筝和飞镖"

"飞镖"和"风筝"是罗杰·彭罗斯爵士创造的两种图形，可以镶嵌成许多非周期性的图案。请看下面的几个例子。

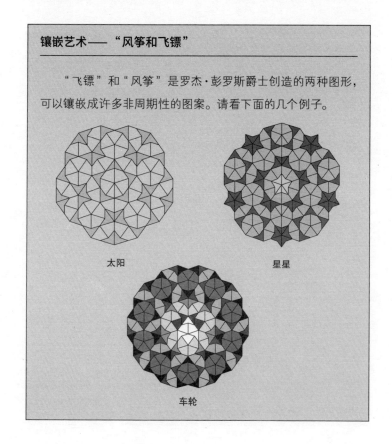

太阳　　　　　　　　　　　星星

车轮

·每一回合中，每位玩家必须拿走至少一个筹码；

·每位玩家拿走筹码的数量不能超过对手上一次拿走的两倍（如果我们在一个回合中拿走了四个筹码，轮到对手时最多可以拿走八个）。

这个游戏的数学奥秘在于，如果 N 是斐波那契数列中的一项，后拿筹码的玩家只要采取正确的策略就会一直胜出。但是，如果 N 不是斐波那契数列中的项，那么获胜者就是先拿筹码的玩家。

多面体与黄金比例

多面体是由多边形构成面的几何体。我们通常所说的多面体是凸多面体。如果多面体在它每一个面所决定的平面的同侧，那么该多面体为凸多面体。

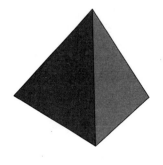

凸多面体

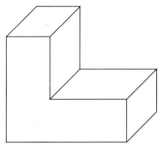

凹多面体（L 形多面体的两部分不在同一个平面上）

如果一个凸多面体有 F 个面，E 条边，V 个顶点，那么三者的关系总是符合欧拉定理：

$$F + V = E + 2$$

如果多面体的所有面都是相同的正多边形，每个顶点连接相同数量的边，那么它就是正多面体。即使第二个条件无法满足，我们仍然可以得到下面这个正多面体，有的顶点与三条边相连，有的与四条边相连：

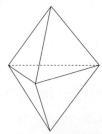

在意大利南部的大希腊地区经常会发现十二面体的黄铁矿晶体，正是由于对这种晶体的研究才让毕达哥拉斯学派成员对多面体十分感兴趣。

下面这条信息或许会让我们感到惊讶。尽管正多边形不计其数，可以由任意条边构成，但古希腊人早就知道正多面体只有五个，即所谓的柏拉图多面体。柏拉图多面体中有三个多面体的面是等边三角形：正四面体、正八面体、正二十面体。一个多面体的六个面都是正方形，我们称为立方体或正六面体。最后是由十二个正五边形组成的正十二面体。所有的柏拉图多面体都可以作外接球。

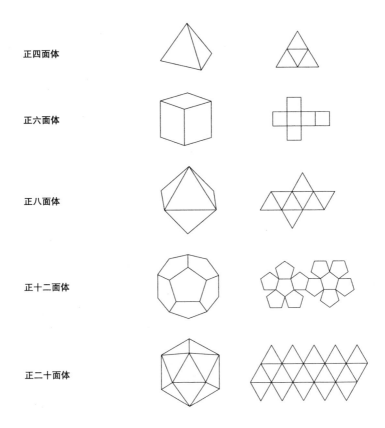

正四面体

正六面体

正八面体

正十二面体

正二十面体

在希腊古典时代，每一个柏拉图多面体都对应着一种自然元素。正六面体代表土，正四面体代表火，正八面体代表气，正二十面体代表水，而正十二面体则象征着整个宇宙。正如柏拉图所说："众神用它（正十二面体）编织了整个天空中的星座。"

古希腊人，特别是毕达哥拉斯学派，对于多面体的浓厚兴趣无疑来自对结晶矿物的研究，这些在地中海地区常见的结晶矿物就包括令人惊叹的黄铁矿晶体，这种晶体通常为正十二面体。

下表统计了五个柏拉图多面体的面、边、顶点的数量：

	面	边	顶点
正四面体	4	6	4
正六面体	6	12	8
正八面体	8	12	6
正十二面体	12	30	20
正二十面体	20	30	12

如果在正十二面体外接一个正多面体，把正十二面体的顶点作为该多面体每一面的中心点，最终会得到一个正二十面体：

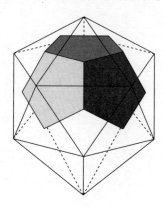

多面体容器

　　我们的冰箱里装满了各式各样的容器。比如利乐包(Tetra Pak)就是用来盛放牛奶或果汁的普通液体容器。这个商品名表示该容器的形状是四面体，而实际上现在常见的利乐包是一个两面为正方形的长方体或平行六面体。然而最初的利乐包是四面体。

　　制作四面体既简单又省时，因为人们只需要沿着它的两条棱粘贴就可以将其封装完成。但作为一种理想的容器，它后来会被取代主要是因为后勤存储的问题。存放四面体十分麻烦并且总是会产生多余的空间，而这些空间又放不下额外的四面体。

　　现在纸箱的形状也非常简单，普遍采用了两面为正方形的长方体。我们可以拆解一个纸箱来观察它的构造。利乐包使用两面为正方形的长方体有着巨大优势，因为它们可以高效存储，堆放在一起不会留出额外空间。

如果用正二十面体重复这一过程，就会得到一个正十二面体。人们根据这一性质把这两个多面体称为对偶多面体：

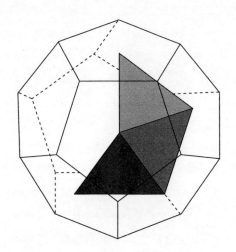

并不是所有多面体都与黄金比例有着相同的联系。与黄金比例关系密切的是正十二面体（没错，因为它由五边形构成）及其对偶多面体，正二十面体。在它们的体积和表面积（所有面的面积之和）公式中就有 Φ 的身影。设其棱长为 1，那么：

$$正十二面体表面积 = \frac{15\Phi}{\sqrt{3-\Phi}} = 3\sqrt{25+10\sqrt{5}} \cong 20.65$$

$$正十二面体体积 = \frac{5\Phi^2}{6-2\Phi} = \frac{1}{4}(15+7\sqrt{5}) \cong 7.66$$

$$正二十面体体积 = \frac{5\Phi^2}{6} = \frac{5}{12}(3+\sqrt{5}) \cong 2.18$$

如果像对偶多面体那样用正二十面体和正十二面体互相嵌套，那么两个多面体的棱长之比为：

$$\frac{\Phi^2}{\sqrt{5}}$$

另一方面，正二十面体的十二个顶点可以分成三组，每组四个，它们构成了正二十面体内的三个黄金矩形，这三个黄金矩形互相垂直：

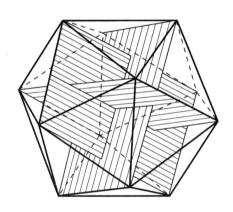

因此，如果我们让三个相同的黄金矩形相互垂直、中心点相交，那么凸出的十二个顶点将是正二十面体的顶点，黄金矩形的短边是正二十面体的棱。如果将三个黄金矩形共同的交点设为原点，那么正二十面体的十二个顶点坐标如下：

$$(0, \pm1, \pm\Phi), (\pm1, \pm\Phi, 0), (\pm\Phi, 0, \pm1)$$

第四章

美感与艺术的完美追求

1876 年，德国实验心理学家古斯塔夫·特奥多尔·费希纳（1801—1887）对非艺术专业的普通人进行了一项实验。他要求参与者从包括正方形在内的几个矩形中选出自己最喜欢的一个。绝大多数人选择了黄金矩形以及由黄金矩形变化而来的相似图形。

　　重新做一遍费希纳的实验并不难，你只需要挑选一组人并向他们展示不同的矩形。让他们选择各自喜欢的矩形后便会得到一个奇妙的结果。但是如同想了解真相的专家一样，你作为实验的评估员必须也要亲身体验一下实验。看看下一页中的矩形，你最喜欢哪个？

　　如果你选择的是右下，那么恭喜你选择的正是黄金矩形；但如果你选择的是左上或其他也不用担心。你的选择并非意味着你无法识别出黄金矩形，只是你选择的矩形（例如现代电视、手机屏幕常用的 16∶9 矩形）所带来的熟悉感影响了你的判断。

　　费希纳还细致地研究了人体的比例并得出结论：从外形的角度来看，如果认为观察对象具有美感，那么较小部分与较大

费希纳在实验中展示的几个矩形中你最喜欢哪一个？下一页中有每个矩形的邻边之比。

部分之间的关系、较大部分与整体之间的关系必定相同。这一结论与黄金比例的定义相同。最终，他用科学的方式验证了黄金比例本身具有和谐与美感。

在费希纳用实验验证前，各个时期的艺术家和建筑师都总结出了类似的结论。黄金比例的影响可以追溯到希腊的古典时代，但可能直到文艺复兴时期或富于创造力的学派出现后，它才与艺术结合到了一起。

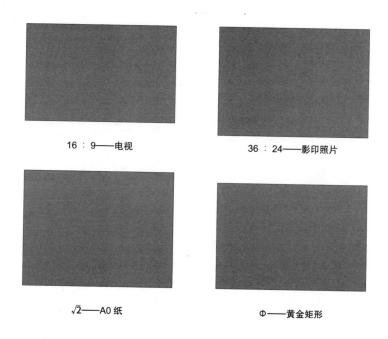

16：9——电视

36：24——影印照片

√2——A0 纸

Φ——黄金矩形

卢卡·帕乔利的《神圣比例》

卢卡·帕乔利成长于 15 世纪的意大利。他和列奥纳多·达·芬奇将黄金比例引入到了美与艺术的概念中。《神圣比例》写于 1498 年末，帕乔利在该书中将黄金比例与美联系到了一起。几年后的 1509 年，他又完成了三部作品，并最终在威尼斯出版。《论建筑》（ De Architectura ）就是受罗马建筑师维特鲁威的著作《建筑十书》启发，帕乔利在此书中讨论了建筑设计中的黄金比例。

《神圣比例》反映了几何的本质，严格确立了符合美感的

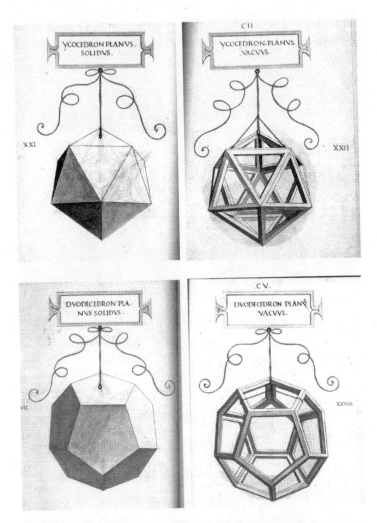

列奥纳多·达·芬奇绘制的多面体插图（从左上图按顺时针方向依次为）：实心正二十面体、空心正二十面体、空心正十二面体、实心正十二面体。

卢卡·帕乔利（1445—1517）

1445 年，卢卡·帕乔利出生于圣塞波尔克罗，这里也是画家皮耶罗·德拉·弗朗切斯卡（1412—1492）的故乡，帕乔利首先从他那里学习了艺术和数学，随后前往威尼斯生活和学习。后来受建筑师莱昂·巴蒂斯塔·阿尔伯蒂（1404—1472）的邀请搬到了罗马，在那里成为方济会的修道士。他曾在不同的大学担任数学教授，后来进入了米兰公爵卢多维科·斯福尔扎的宫廷。正是这里的一次偶遇创造了历史：帕乔利遇见了列奥纳多·达·芬奇，据说《神圣比例》中的很多多面体插图都是由达·芬奇所画。

1494 年意大利战争爆发，法国占领米兰之后，帕乔利前往意大利最重要的比萨大学、罗马大学、博洛尼亚大学，与意大利著名的代数学家希皮奥内·德尔·费罗（1465—1526）进行学术交流。费罗曾与一位匿名同事合作对一种只有三项的三次方程求解。

帕乔利不仅写成了《神圣比例》，此外，他还凭借过人的天赋完成了《算术、几何、比及比例概要》（*Aritmética, Geometria, Proportioni et Proportionalità*），这是一部超过六百页的百科全书，1494 年在威尼斯出版。他在该书中断言，"如果没有按照适当的比例建造教堂，宗教仪式几乎没有价值"，他以此提出了建筑设计中比例的重要性。

下页图是卢卡·帕乔利的肖像画，1495 年由雅各布·德巴尔巴里绘制，存于那不勒斯的卡波迪蒙特博物馆。画中，帕乔利身穿方济会长袍，正在教授年轻的乌尔比诺公爵学习欧几里得几何。两人周围摆放着多面体和几何工具。帕乔利的右手边挂着装了一些水的菱方八面体。1517 年，卢卡·帕乔利在自己的家乡去世。

卢卡·帕乔利的肖像画，雅各布·德巴尔巴里绘。

比例。这本书包含了六十幅多面体插图，人们普遍认为这些插图出自大师达·芬奇之手，其中包括根据黄金比例绘制的《维特鲁威人》（*Vitruvian Man*）。从那以后，许多画家仿照这幅著名的插图进行再创作，留下了数不尽的绘画作品。因此在西方文化史上，《神圣比例》一书为某些极具影响力的艺术作品提供了必要的创作素材。文艺复兴时期的意大利，具有创造性的自由思想家，包括画家、建筑师、数学家、哲学家，即将为欧洲的历史和艺术开辟一片新的天地。

达·芬奇：完美的黄金比例

列奥纳多·达·芬奇（1452—1519）是历史上最为杰出的天才之一。他对人类的贡献并不局限于一个领域，而是涉及多个学科：数学、物理、化学、工程、军事技术、绘画、建筑等等。达·芬奇的过人之处在于，他所做的任何事情都很出色，尽管他一生中有些成就已经被忽略，但他所有的贡献早晚都会体现出真正的价值。他是文艺复兴时期的代表人物，兴趣广泛，在各个方面能力出众。达·芬奇经久不衰的魅力不仅是因为他的聪明才智，还源于他的许多优秀品质。简单地说，他超越了其所在的时代。首先，达·芬奇的个性十分与众不同，尤其是在他所处的那个时代。他是素食主义者，左撇子，而且据说是同性恋。他坚信发展永无止境并且全身心地投入其中，即使在实验过程中有出格的行为，甚至违反了法律，达·芬奇也没有丝毫动摇。他发明的暗语让他更加具有传奇色彩。他将文字写成密码，只有在镜子里才能看懂；还有他那神秘的画作，比如著名的《蒙娜丽莎》，至今仍让专家迷惑不解。

达·芬奇的素描和手稿汇集成了十部手抄本，除了存于欧

旷世奇才

1452 年，达·芬奇出生在佛罗伦萨附近的芬奇小镇。他是一名公证员的私生子，但与父亲家庭中的其他儿子一起长大。在画家安德烈·德尔·韦罗基奥的工作室做学徒之前，他一直待在佛罗伦萨的父亲家中。1472 年，他正式成为一名画家。

列奥纳多·达·芬奇的晚年自画像，创作于 1513 年左右。

达·芬奇的第一个委托来自锡耶纳市政厅的委员会，可是他并没有完成这项工作，最后由菲利皮诺·利皮替他完成。由于与佛罗伦萨的统治者美第奇家族关系紧张，达·芬奇于 1486 年前往米兰。当时，卢多维科·斯福尔扎公爵统治着米兰，他的理想是让米兰的文化地位超过佛罗伦萨。在服务于斯福尔扎公爵期间，达·芬奇为圣马利亚感恩教堂绘制了《岩间圣母》和壁画《最后的晚餐》。

1500 年，卢多维科·斯福尔扎公爵倒台后，达·芬奇先后居住在贝加莫、曼图亚、威尼斯等地，但最终还是回到了佛罗伦萨。1505 年，他画了最为著名的《乔康达夫人》（通常称为《蒙娜丽莎》）。因为我们并不知道画中女主人公的身份、表情的含义或是背景的位置，所以这幅画作充满了神秘色彩。

1513 年，达·芬奇前往罗马为教皇利奥十世工作，直至 1517 年教皇去世。等到那时他才接受了法国国王弗朗索瓦一世的邀请前往法国。1519 年，达·芬奇在克洛·吕斯城堡去世。据说弗朗索瓦一世在他临终之际亲自陪伴着他。

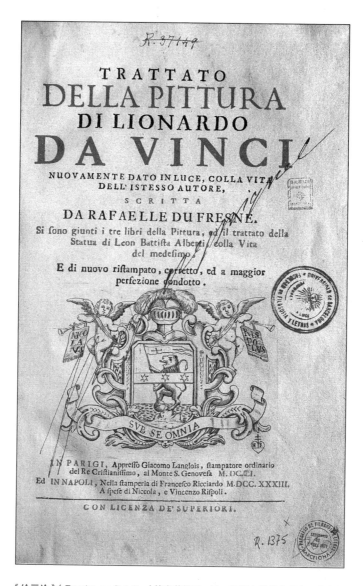

《绘画论》(*Treatise on Painting*)的卷首插图，达·芬奇在该书中研究了艺术与数学的关系。

洲不同的博物馆，还有一部成了美国企业家比尔·盖茨的个人收藏，他为此付出了数百万美元。如果我们在任何互联网搜索引擎中输入"列奥纳多·达·芬奇"，就会发现数百万个与他相关的检索结果。

达·芬奇是绘画艺术的理论家，同时坚定地支持将数学融入绘画。《绘画论》开篇第一句话就是："不是数学家的人请不要阅读我的书。"这部著作大约写于 1498 年，但直到下个世纪中叶才出版。

达·芬奇为《神圣比例》画过插图，但是帕乔利在书中也提到了达·芬奇对这本书的重要贡献。帕乔利说："这本书中的锥体以及其他插图都是由我之前提到过的同胞，佛罗伦萨的达·芬奇所绘。他在科学绘画领域取得的成就无人能及。"现在，这些插图连同《维特鲁威人》一起真正成为一种象征，象征着融合了艺术与科学情感的思维方式——人文主义思想。

达·芬奇将人体比例的科学知识应用到了帕乔利和维特鲁威对美的研究中。他的《维特鲁威人》或称《男子比例》将一位男性置于宇宙中心，人物外接一个圆和一个正方形。维特鲁威的全名为马库斯·维特鲁威·波利奥，罗马人，生活在公元前 1 世纪，是尤利乌斯·恺撒的御用建筑师。达·芬奇正是根据他的描述创作了这幅画。这位罗马建筑师、工程师以及作家在文艺复兴时期再度出名，其所有著作在 1486 年被翻译出版。在接下来的几十年里，他的许多不同版本的著作在意大

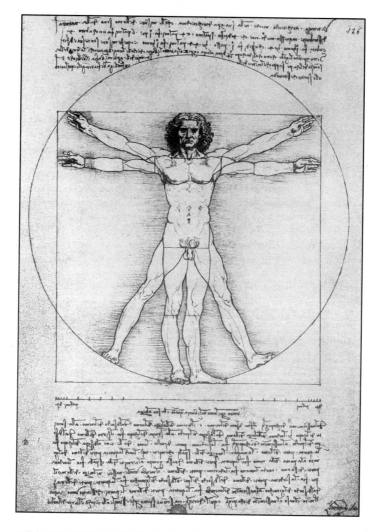

目前在威尼斯学院美术馆陈列的"完美男子"，即《维特鲁威人》，展示了理想的人体比例，用圆和正方形将比例与几何联系到一起。正方形的边与圆的半径之比为黄金比例。

利各大重要城市出版发行。文艺复兴时期的建筑将这些书作为新潮流的基础。而达·芬奇经常宣称维特鲁威是他最大的灵感来源。

维特鲁威根据简单的观察确定了人体的尺寸。他认为一个男子的身高等于他的两臂伸开的长度（臂展），如果他平躺下来，手脚伸开，就会形成一个圆。许多画家都尝试将人、正方形、圆形三种形状通过一张图画表现出来，但结果总是不理想。通过让正方形和圆的中心不同，达·芬奇最先找到了一种简洁的方法。生殖器是正方形的中心，肚脐是圆心。在《维特鲁威人》中，理想的人体比例相当于正方形的边与圆的半径之间的比，即黄金比例。所以多亏了黄金比例，艺术与美感才能同几何联系到一起。

理想的尺寸

《维特鲁威人》展示了正常成年人身体比例的近似值，从希腊古典时代开始就成为表现人体艺术的标准。下面我们来详细地解释一下这些比例：

身高 = 臂展（手臂伸开后两手手指间的距离）= 8 × 手掌长度 = 6 英尺（约合 1.83 米）= 8 × 面部长度 = 1.618 × 肚脐高度（站立时肚脐到地面的距离）。

这样最后得到的比值为 1.618，非常接近黄金比例。如果我们要检验自己的身体是否符合这些尺寸，那结果肯定会相当糟糕。对于普通人来说，要想符合理想的人体比例非常困难。毕竟这些比例是一种理想化的美。

要想理解美的理想标准，我们用到的另一种方法是统计学。如果我们将数量庞大的人体测量样本与理想标准进行比较，通常会发现二者的结果非常接近，换句话说，一个人只能在平均状态下才能符合理想的人体比例。比利时数学家兰伯特·阿道夫·奎特莱特（1796—1874）是现代统计学的先驱之一。1871 年，他对欧洲男性身体比例的研究完全印证了人体比例的理想标准。

这就产生了一些有趣的问题。对于欧洲以外的印度人、非

人体尺寸

在公制简化计量单位以前，人们通常使用与人体部位相关的长度进行测量，比如脚、手掌、手指、拇指等。从逻辑上讲，这些长度都来自真实的人体部位。英寸由拇指而来，一英寸等于脚长的 1 / 12。

但并不是所有人的手和脚都有相同的尺寸，那么"标准手脚"从何而来？答案是来自一个团体中最重要的人。举例来说，码是美国和英国仍在使用的一种长度单位，由 12 世纪的英格兰国王亨利一世定义为在他伸出手臂时，鼻尖到拇指的距离。从那开始，一英尺就定为了 1 / 3 码。

洲人或中国人来说，应该使用什么样的人体比例标准？

当然在所有的文化中，美都是一种理想的标准，但这种标准全都一样吗？通过对不同国家、不同文化背景的人进行考察，结果发现理想的标准大致相同，人类对美的感受大体一致。

绘画中的黄金比例

文艺复兴时期突破性地运用了透视法来追求理想比例之美，让画家与科学家走到了一起。正如数学家不断探索透视法背后的数学原理一样，画家也在研究射影几何，并利用它来描绘出逼真的三维场景。达·芬奇与拉斐尔、丢勒等人对这些研究取得成功起到了关键的作用。

1435 年，透视法的奠基之作《绘画论》问世，作者为莱昂·巴蒂斯塔·阿尔伯蒂。阿尔伯蒂在该书中解释了实物的画法。正如那两句名言一样，"对画家的第一个要求是要懂得几何"，"绘画是一扇打开的窗，我们透过窗看到了绘画对象"。他的思想改变了一切。

阿尔伯蒂一心寻找能够指导艺术家创作的理论和实用性原则，因此他的作品中包含了大量的绘画原理。他在《雕塑论》（On Sculpture）中详细解释了人体的比例；在《绘画论》中最先提出了透视法的科学定义；而在《建筑论》中，他阐述了

莱昂·巴蒂斯塔·阿尔伯蒂（1404—1472）

1404 年，阿尔伯蒂出生在热那亚。当时，建筑大师布鲁内莱斯基正处于创作的巅峰时期。阿尔伯蒂是个私生子，他的父亲是佛罗伦萨一位富有的商人兼银行家，由于政治原因被驱逐出了托斯卡纳。

布兰卡契礼拜堂中的著名壁画，马萨乔从左到右依次画了马索利诺、他自己（正在看着我们）、阿尔伯蒂和布鲁内莱斯基。

阿尔伯蒂是文艺复兴时期的杰出人物：他主要致力于建筑、数学、诗歌，但也研究语言学、哲学、音乐甚至考古学。他是文艺复兴时期的第二代艺术家中最具代表性的人物之一。他认为，"艺术家不只是工匠，而是在各领域的学科中受过教育的知识分子"。他曾为著名的商人和人文主义者乔凡尼·迪·保罗·鲁切拉伊担任建筑师，并且根据黄金比例为他在佛罗伦萨设计了新圣母马利亚教堂正面的一部分。他的设计在建筑史上堪称杰作，我们在此只举两个例子，一个是鲁切拉宫，另一个是美第奇别墅。

1472 年，阿尔伯蒂在罗马去世。他在忙碌的一生中为后世留下了难忘的作品以及具有深远影响的观点。阿尔伯蒂的接班人在其去世前就已经崭露头角，他就是年仅 20 岁的列奥纳多·达·芬奇。

'propofito . Effendo quefte cofe così fatte, io perciò hò trováto quefto ottimo mo-
do . In tutte le altre cofe io vò dietro alla medefima linea, ed al punto del cen-
tro, ed alla divifione della linea che giace , ed al tirare dal punto le linee , a cia-
fcuna delle divifioni della linea che giace. Ma nelle quantità da traverfo io ten-
go queft' ordine . Io hò uno fpazio piccolo , nel quale io tiro una linea diritta,
quefta divido in quelle parti, che è divifa la linea che giace del quadrangolo .
Dipoi pongo fù alto un punto fopra quefta linea , tanto alto quanto è l'altezza
del punto del centro nel quadrangolo dalla linea giacente divifato, e tiro da que-
fto punto a ciafcuna divifione di effa linea , le loro linee . Dipoi determino quan-
ta diftanza io voglio che fia infra l'occhio di chi riguarda , e la pittura , e quivi
ordinato il luogo del taglio con una linea ritta a piombo , fò il tagliamento di
tutte le linee che effa trova . Linea a piombo è quella che cadendo fopra un'al-
tra linea diritta cauferà da ogni banda gli angoli a fquadra.

Punto del centro alle tre braccia.

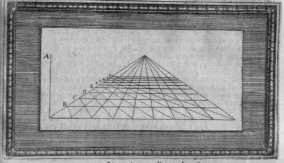

Linea giacente di nove braccia.
A. *punto della veduta alto tre braccia* B.C.D.E.F.G.H.I.K. *linee parallele.*

Quefta linea a piombo mi darà con le fue interfecazioni adunque tutti i ter-
mini delle diftanze che avranno ad effere infra le linee a traverfo parallele del
pavimento , nel qual modo io avrò difegnate nel pavimento tutte le parallele ,
delle quali, quanto elle fieno tirate a ragione , ce ne darà indizio, fe una mede-
fima continovata linea diritta farà nel dipinto pavimento diametro de' quadran-
goli congiunti infieme. Ed è appreffo a matematici il diametro di un quadrango-
lo , quella linea diritta che partendofi da uno delli angoli , và al'altro a lui op-
pofto , la quale divide il quadrangolo in due parti , talmente che facci di detto
quadrangolo duoi triangoli. Dato adunque diligentemente fine a quefte cofe , io
tiro di nuovo di fopra un'altra linea a traverfo , ugualmente lontana dalle altre
di fotto , la quale interfeghi i duoi lati ritti del quadrangolo grande , e paffi per
il punto del centro . E quefta linea mi ferve per termine , e confine , mediante il
quale neffuna quantità eccede l'altezza dell'occhio del rifguardante . E perche el-
la paffa per il punto del centro , perciò chiamifi centrica . Dal che avviene ,
che quelli uomini , che faranno dipinti infra le due più oltre linee paral-
lele , faranno i medefimi molto minori che quegli faranno f a le anteriori linee
parallele, ne è per quefto , che ei fieno minori degli altri ; ma , perche fono più
C lon-

阿尔伯蒂的首部著作《绘画论》中的一页，1733 年版，印刷雕版由弗
朗西斯科·赛松雕刻。

自己对现代建筑的观点，其中充满了黄金比例的思想。

达·芬奇不断研究透视法，这种技法是他一生中的巅峰成就。这位伟大的天才肯定地说："透视法是绘画的缰绳和船舵。"达·芬奇对后来的许多艺术家产生了深远影响，特别是阿尔布雷希特·丢勒。丢勒同样喜欢研究科学的绘画原理。虽然我们无法直接证实达·芬奇使用了黄金比例，但是在他的许多作品中，比如《最后的晚餐》的构图就多次使用了这一比例，尤其是黄金矩形。这种巧合实在令人不可思议。

在《最后的晚餐》中，达·芬奇不仅用黄金矩形确定了桌子的尺寸，还确定了坐在桌子周围的耶稣及其门徒的位置。就我们所知道的来说，画中房间的墙壁和后面的窗户都符合黄金比例。

《最后的晚餐》，达·芬奇绘。画中的各部分显示出了黄金比例。

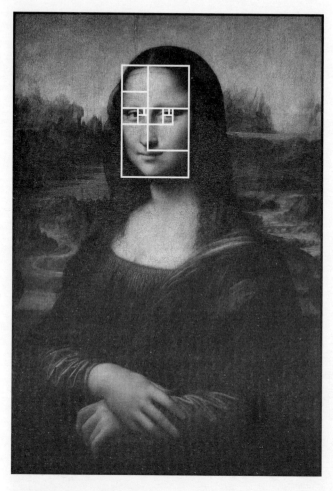

叠加在蒙娜丽莎脸上的黄金矩形。

就连肖像画《蒙娜丽莎》也受到黄金比例的影响。某些研究已经证实，从整体和细节两方面来看，画中模特的脸是由一连串大小不一的黄金矩形构成的。

　　总体而言，文艺复兴时期的艺术家的确受到了黄金比例的影响。即使这种影响可能只存在于潜意识层面，但他们已将黄金比例运用到了各个层次的细节上。五角星帮助他们利用空间，比如确定人物在画中的分布。黄金螺线的运用也是出于这一相同的目的。米开朗琪罗的《圣家族》展示了如何利用五角星来构图。在皮耶罗·德拉·弗朗切斯卡的《鞭打基督》

《圣家族》，米开朗琪罗绘。我们可以清楚地看到他以五角星为基础进行了构图。

《维纳斯的诞生》，桑德罗·波提切利绘。水平线标出了画中的黄金比例。

（*Flagellation*）和桑德罗·波提切利的《维纳斯的诞生》（*Birth of Venus*）中，他们利用黄金比例创造的形象格外迷人。寻找隐藏在这些作品中的几何结构让欣赏过程变得十分有趣。

久负盛名的阿尔布雷希特·丢勒始终追寻着达·芬奇的脚步。1525 年，他出版了首部德文数学著作《使用圆规、直尺的量度指南》（*Instruction in Measuring with Compass and Straightedge*），通常简称为《量度四书》（*Four Books of Measurement*）。身为画家、数学家的丢勒在这本书中阐释了美的哲学：

"美体现在各部分之间以及各部分与整体之间的和谐

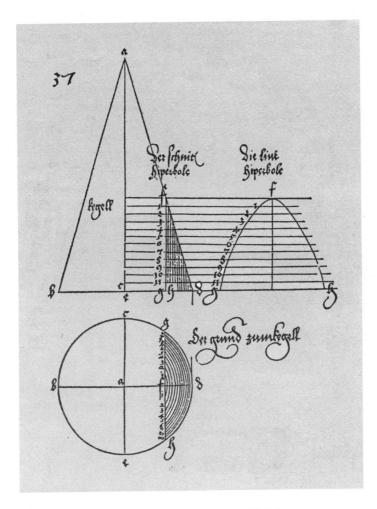

如何绘制圆锥曲线——《量度四书》中记载的绘制抛物线的方法。

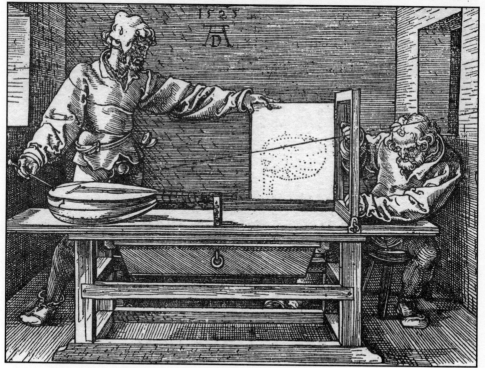

丢勒创作的两幅版画，展示了如何利用透视法来进行绘画。

阿尔布雷希特·丢勒（1471—1528）

1471 年，丢勒出生于现在德国的纽伦堡，在那里接受了画家和雕刻师的训练。完成学业后，丢勒游历了德国并于 1494 年访问威尼斯，有机会在那里知道了帕乔利的数学著作。1495 年，他在家乡纽伦堡创办了自己的工作室。除了绘画之外，他还对数学进行了深入的研究。丢勒从 1505 年到 1507 年居住在意大利，由于已经是一位绘画大师，因而在这期间，他更喜欢研究数学而不是艺术。1512 年，他被任命为神圣罗马帝国皇帝马克西米连一世的御前画家。1520 年，查理五世重新任用了他。除了《量度四书》以外，丢勒还撰写了《人体比例四书》（*Four Books on Human Proportion*）。

中……各部分需要恰当地绘制，也需要恰当地编排来创造整体的和谐……因为构图元素的和谐即是美。"《量度四书》中记录了大量的曲线结构，例如蚌线、阿基米德螺线以及由黄金比例演变而来，同时也是当时最为著名的丢勒螺线。该书提供了某些精确（和粗略）的方法来绘制正多边形。《量度四书》中探讨了棱锥、圆柱以及其他几何体，同时研究了五种柏拉图多面体和阿基米德多面体。丢勒并没有忘记将圆锥曲线的绘制方

丢勒的《忧郁之一》以及幻方的细节图。从这幅作品中我们可以看出，丢勒已将自己的数学知识与绘画创作紧密地联系在了一起。

法写入书中，比如如何绘制抛物线。总而言之，我们可以将《量度四书》视为画法几何的开端。

最后，该书介绍了透视法的原理。丢勒创作了许多版画，通过它们说明了如何利用透视法来描绘对象。

丢勒最著名的版画或许就是《忧郁之一》（上图）。在这幅作品中，丢勒展示了用透视法绘制不同对象的技巧，特别是位于画面左侧似乎像是菱体的物体。右侧是一个由数字组成的幻方，任意方向上的四个数字连成一条直线，每条直线上的数字之和相等。此外，幻方中还包含了这幅作品的创作日期：1514 年。

几个世纪后，艺术与数学之间的结合再次以同样的生机活力展现在世人面前。20 世纪初迎来了抽象艺术的巅峰时刻。艺术史学家露西·阿德尔曼和迈克尔·康普顿就这一时期写道："首先，人们大都对非欧几里得几何和 / 或高维几何感兴趣……这一时期标志着透视法的失败，转而由系统性较小的不同标准取代。如同几何图形一样，艺术家的想法是要将艺术简化为特定的元素，并且利用与这一想法有关的数字比例和网格比例。数学文本中提取的元素经常出现在绘画中。最后，机器与机器制造出的产品往往代表了简单的几何图形，并通过这种方式与发展和现代化产生了联系。"

变形的骷髅头

歪像（Anamorphosis）是一种只有站在特定的观察位置或者通过设备改变观察者的视角才能清楚地辨认出所画对象的绘画效果。最著名的歪像作品就是汉斯·贺尔拜因（1497—1543）的《大使们》（The Ambassadors）。在画面的下半部分有一个扭曲的骷髅头，只有在画的一侧，差不多在与骷髅头水平的位置才能看到正常视角下的图像。

《绝对主义的创作》(*Suprematist Composition*),卡济米尔·马列维奇绘,1915 年。
我们在许多作品中可以发现,抽象派画家也是以几何与黄金比例为出发点进行创作的。

对于艺术和数学这两门学科来说,这是一个具有创造性的欢乐时刻。1912 年,瑞士画家、雕塑家马克斯·比尔的一番话颇具革命性:"这一新概念的出发点可能来源于康定斯基的《论艺术中的精神》(*Ueber das Geistige in der Kunst*),该书提出了艺术创作的前提是用数学概念来代替艺术家的想象力。"

皮特·蒙德里安用下面的一段话说明了这种变化:"新造型主义源于立体主义,我们也可以将其称为'真实的抽象绘画',因为抽象的概念(如同数理科学一样,但还没有达到绝对的程度)

可以在绘画中通过真实的塑造表达出来。彩色的矩形平面组合在一起表达了一种更深层次的现实，而且是通过可塑造的关系表达而不是自然外观来触及我们……新造型主义将美学平衡传达到这些关系中，通过这种方式表达出新的和谐。"马克斯·比尔定义了这种理解艺术的新方法："严格意义上讲，艺术中的数学概念并不是数学，甚至可以说这种方法很难用精确的数学来表达我们的理解。与此相反，它是由和谐与关系构成，由包含个人背景的规则构成，如同数学中的创新元素来源于创新者的思想。"

20 世纪的许多著名艺术家有着鲜明的数学特点，他们的许多奠基之作都是以数学为基础，甚至将数学作为灵感的源泉。我们会想到人人皆知的埃舍尔，他是 20 世纪最受欢迎的艺术家之一，此外还有整体的艺术运动，比如至上主义或立体主义。立体主义的分支称为黄金分割派，其根本思想是寻求普遍的形式。立体主义的黄金分割派由马塞尔·杜尚倡导建立，著名的支持者包括勒·柯布西耶、胡安·格里斯、费尔南德·莱热。

黄金比例与建筑

黄金比例从古埃及开始就出现在了建筑中，虽然没有文字资料流传下来可以确定这是不是有意而为。比如胡夫大金字塔的高和底就与黄金比例有着密切的关系。

古罗马的凯旋门、利西亚人的坟墓以及古城米拉（今土耳

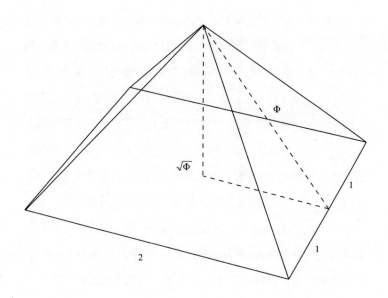

其的代姆雷）的教堂同样再现了黄金比例。其他远离希腊古典文化的文明似乎也很欣赏黄金比例。的的喀喀湖位于玻利维亚首都拉巴斯附近，距此不远的地方有一处"太阳门"，这是一座前印加时期的纪念碑，完全按照黄金比例建造而成。

正如我们在第一章中讲到的那样，在所有古代世界的建筑作品中，最能表现出黄金比例特点的非帕提侬神庙莫属。菲狄亚斯设计了这一古代奇迹。现代人把黄金比例称为"Φ"，正是菲狄亚斯希腊名的首字母。

当然，黄金比例在古希腊文化中最为常见，但是对这处古迹的调查显示，黄金比例的误差多得吓人，这一结果让许多专家疑惑不已。我们不必深究建造者是否有意使用了黄金比例，

玻利维亚的太阳门，如今已经遭受了很大程度的破坏。该纪念碑似乎是按照黄金矩形设计而成的。大约建于公元前 1500 年。

尽管雅典的帕提侬神庙经过准确的实地测量后并不完全符合黄金比例，但它还是被认作在建筑中使用黄金比例的典范。

重点是能否在帕提侬神庙的设计中找到黄金比例。人们总是可以在任意两点之间数出 666 步、666 个台阶或 666 英寸，以此来预示着从地狱爬出的魔鬼。同样，即使建筑师没有在设计中考虑使用黄金比例，但如果我们对任何古迹测量得当，也总是可以在其中发现它。

　　然而我们却可以证明中世纪的人确实有意使用了黄金比例，因为黄金比例在当时的记录中十分常见。正五边形或五角星的结构也在这一时期出现。哥特式大教堂的玫瑰窗十分壮观，正是运用黄金比例的经典案例。

为了追求美感，文艺复兴时期的建筑理论家根据维特鲁威的《建筑十书》的译本再度提出了和谐比例的概念。在《神圣比例》的相应部分，卢卡·帕乔利将人置于万物的中心，"我们首先会讲到躯干和四肢的人体比例，因为所有度量及其命名都来自人体，上帝用手一指，强调了各种比例与平衡，展示出了大自然最本质的奥秘"，然后我们再用人体比例去衡量这个世界。"为此，古人根据正常的人体结构进行设计创作，尤其是按照人体比例建造神庙。因为人们在神庙内发现了两种关键图形，圆……和正方形，少了它们什么也做不成。"

在阿尔伯蒂的《论建筑》中，这位博学之人确信，美是由各部分之间以及各部分与整体之间的和谐构成的。他写道，美"是一种审美有机体的绝对价值，通过数学的计算，比例的相互作用，或是柏拉图的《蒂迈欧篇》（*Timaeus*）中准确记载的毕达哥拉斯平均，激起了人类灵魂中内在的喜悦之情，唤醒了人与宇宙之间不可替代的和谐之道"。

在音乐领域中，比例与和谐的密切关系促使人们在建筑结构的要素之间寻求同样的关系。或许，这种观点是由威尼斯的风格主义建筑师安德烈亚·帕拉弟奥（1508—1580）思考得来的，正是因为这样他才会对新古典主义产生如此重要的影响。在帕拉第奥的《建筑四书》（*Four Books of Architecture*）中记录了阿尔伯蒂的观点。阿尔伯蒂认为成比例的声音对耳朵来说是一种和谐，而成比例的尺寸对于眼睛来说也是一种和谐："虽然除了研究事物起因的人之外没有人知道为什么，但这样

萨拉曼卡大学的正门包含了一个巨大的黄金矩形。

的和谐让人非常愉快。"

　　文艺复兴时期，并不是只有意大利将黄金比例用于纪念建筑的设计中。萨拉曼卡大学是西班牙历史上最古老的大学（建于 1218 年），也是欧洲第一所被称为"大学"的机构。15 世纪，萨拉曼卡大学的正门按照银匠式风格重建，这种风格将摩尔式与西班牙文艺复兴时期的佛拉芒–哥特式建筑风格融为一体。黄金比例是该建筑比例的核心。

当代建筑

　　建造技术的进步与新材料的发展让 20 世纪的建筑师挣脱了想象的枷锁。美国人弗兰克·劳埃德·赖特（1867—1959）是有机建筑的主要倡导者之一。赖特在自己去世前不久完成了最后一项优美的设计，即纽约古根海姆博物馆的坡道，他大胆地将其设计为一条鹦鹉螺结构的螺线。

　　拥有波兰和以色列双重国籍的建筑师泽维·赫克同样将螺线用到了建筑设计中，比如 1995 年建于柏林的海因茨·加林斯基小学。赫克在设计中最先想到了向日葵，他以圆作为中心，所有建筑部分围绕这个圆呈辐射状排列。

　　这座建筑将正交直线与对数螺线结合到一起，试图表现出僵化的人类知识与控制下的自然混沌所产生的协同效果。它模仿了一株向着太阳的植物，因此阳光一整天都能够照亮教室。

纽约古根海姆博物馆，黄金螺线形坡道的外部图和内部图。这座建筑彻底颠覆了当时的建筑风格。

海因茨·加林斯基小学鸟瞰图，泽维·赫克设计。这一设计受到向日葵花瓣排列的启发。赫克模仿了自然的花瓣结构，而花瓣的排列却与黄金比例密切相关。

　　昆西公园位于美国马萨诸塞州的剑桥市，里面的许多景物都参照了黄金螺线。1997 年，艺术家戴维·菲利普设计了这座公园，它距离克莱数学研究所非常近。克莱数学研究所是一所著名的数学研究中心，原因之一是该研究所为七道千禧年大奖难题提供了 700 万美元的奖金，这些难题由数学领域最杰出的专家挑选而出，解答出每一题都会获得 100 万美元。在昆西公园漫步，人们可以看到黄金螺线的雕塑和金属曲线，还有

领先于时代

　　1920 年，俄罗斯人弗拉基米尔·塔特林（1885—1953）提议建造的第三国际纪念塔一直没有动工，但从按照设计做出来的比例模型看，这是一座由铁、玻璃、钢构成的巨塔。钢铁材质的双螺线盘绕着装满玻璃窗的三层楼，每一层都能以不同的速度旋转。第一层是立方体，一年旋转一圈；第二层是金字塔状的锥体，一个月旋转一圈；第三层是圆柱体，一天旋转一圈。

两块贝壳浮雕以及一块带有平方根符号的石头。一块牌匾介绍了与黄金比例有关的信息，甚至自行车停放处也使用了 Φ 的符号。

勒·柯布西耶

极具创造力的勒·柯布西耶是一名激进的现代主义者，他跨越了几个世纪同卢卡·帕乔利握手。在使用公制的年代，勒·柯布西耶渴望为黄金比例的辉煌历史贡献出自己的力量。他抱怨公制让计量单位失去了个性，因此使用人体标尺的想法已然化为泡影。

为了恢复人类的影响力，勒·柯布西耶基于黄金比例发明了自己的标尺，但没有为现代人所接受。为了呼应"维特鲁威人"的理想比例，他想到了"模度人"。"米、厘米、分米并不符合人体尺寸，而模度却不同。我测量了肚脐到头部和手臂的距离，发现二者成黄金比例，于是创建了一个反映人体尺寸的度量系统。我在无意中发现了这样一个系统。这并不是故意炫耀，但模度十分重要，它为工业带来了无限可能，它是一个有用的、现代的、举世瞩目的创造。"

马蒂拉·吉卡在他的《黄金数》（*The Golden Number*）第二卷中承认了勒·柯布西耶的贡献。他在书中解释说，黄金矩形"通过近代的设计成功地进入了建筑领域，这得益于新运动中最著名的代表人物"。他接着描述了勒·柯布西耶的日内瓦

纽约联合国总部大厦上的三个黄金矩形。

勒·柯布西耶（1887—1965）

查尔斯-爱德华-让纳雷·格里斯（Charles-Édouard Jeanneret-Gris）就是人们熟知的勒·柯布西耶。他出生于瑞士，但加入了法国籍。在家乡经过学习后，勒·柯布西耶在29岁时搬到了巴黎，并于1922年创办了自己的建筑工作室。他游历过欧洲、拉丁美洲和美国。

勒·柯布西耶跨越了建筑设计，投入到城市规划以及产品设计的工作中。他的一些设计成为当代的象征，其中就包括他设计的躺椅。他还创办过几份有影响力的刊物，还参与讲学并发表多部学术著作。他同时也是一位著名的画家。勒·柯布西耶在世界各地建造了多所个人住宅和大型城市住宅区，成为最著名的建筑师之一。他加入了设计纽约联合国总部大厦的国际委员会。尼迈耶是勒·柯布西耶的学生，同时也是另一位参与该项目的建筑巨匠。经过他的修改，勒·柯布西耶的设计最终得以变为现实。因此，在这座巨大的建筑正面看到三个黄金矩形也就不足为奇了。

"模度"雕像,根据勒·柯布西耶的理想模度打造而成。手臂抬起的雕像高为 226 厘米,作为中点的肚脐距雕像底座 113 厘米。这两个数字乘以或除以 Φ 都会得到一个类似于斐波那契数列的递归数列。

"世界城市"的设计。勒·柯布西耶解释说，他将世界城市想象为一座矩形城市，矩形的长宽之比为黄金比例："黄金比例确定了两条（生长）轴以及整个区域的边界。匀称之感由黄金比例表现而来。纵观历史，黄金比例对许多作品的和谐统一起到了决定的作用。"

　　第二次世界大战期间世界馆停止了修建。勒·柯布西耶在这段时间里全身心地投入到理论研究中。1942 年至 1948 年，他根据黄金比例和北欧撒克逊人的身高（1.82 米）创造了模度，一种用于建筑和家居设计的单位制。1950 年，《模度》（*The Modulor*）一经出版便迅速获得成功。1955 年，《模度》的续作《模度 2》（*The Modulor 2*）问世，书中将撒克逊人改为了身高 1.72 米的南欧拉丁人。此外，模度系统再次沿用了古典的理念把建筑比例与住户的人体比例联系到一起。

设计中的黄金比例

　　印刷机的使用带来了印刷术。当然，我们所讲的印刷术来自设计史上不同类型的印刷机，其中就包括卢卡·帕乔利、列奥纳多·达·芬奇、丢勒等人设计的机器。他们的一部分贡献是运用了比例原则，比例原则主导着他们的其他活动。丢勒在制作《马克西米连一世祈祷书》（*Prayer Book of Maximilian I*）的过程中将黄金比例同时用到了文本和彩饰中。

勒·柯布西耶设计中的黄金比例

　　萨伏伊别墅位于巴黎近郊的普瓦西，是勒·柯布西耶使用黄金比例进行建筑设计的代表作，不论人们在建筑内部还是外部都能够观察到黄金比例。然而，为了最大限度地体现功能设计和审美效果，勒·柯布西耶在马赛公寓中应用的黄金比例最为频繁。

萨伏伊别墅现为博物馆、法国文物保护单位。上图为别墅后立面图，下图为通往中央平台的起居室。

马赛公寓的外部视
图和内部视图。建
筑内的全部空间都
以模度系统中的比
例为基础。

然而甚至在谷登堡之前，书籍的尺寸规格就近似于黄金比例。1：1.6（也可以表示为 5 ：8）被认为是最和谐的书籍尺寸比例，但由于这种比例在做书裁纸时会造成浪费，所以这种比例通常用于售价较高的精装本。更常见的规格为 1 ：1.4（也可以表示为 5 ：7）。

从今天的数字时代来看，尽管所有不同的规格看起来都像是毫不起眼的小矛盾，但我们却不能因此而将其忘记。在今天我们仍然将黄金比例用于网页设计。此外，苹果公司的音乐播放器 iPod 作为当代设计的杰出代表，它的经典外形也是按照黄金矩形的尺寸量身打造的。

1955 年，某知名香烟品牌在改变自身形象的过程中强化了烟盒的设计，自此以后，烟盒的形状也变成了黄金矩形。事实上，把烟盒的外形改为黄金矩形并不是为了符合审美，而是让烟盒更加实用。今天，人们巧妙地利用折叠设计为烟盒增加了一个盒盖。因此人们将这种烟盒称为"翻盖盒"。这种长方体烟盒的最大矩形面为 8.5 厘米 × 5 厘米，邻边之比为黄金比例。很快，世界各地的香烟品牌都争相模仿这种烟盒。

在服装设计中，黄金比例有着某些不同寻常的用途。例如某个美国牛仔裤品牌，它让裤子前侧口袋的曲线以及后侧口袋的尺寸都成黄金比例，就连臀部的回针和内侧的缝合也用到了黄金比例。

我们在运动场中也可以观察到黄金比例。大多数足球场都是长宽比接近 1.52 的矩形。但其中也有例外，皇家马德里队

斐波那契的青蛙

　　2008 年在西班牙城市萨拉戈萨举办的世界博览会上，艺术家安杰尔·阿鲁迪和费尔南多·巴约在展览场地各处放置了610 只小青蛙。610 是斐波那契数列中的一项。在会场中心，两人将一个混凝土立方体结构嵌入地面。这件作品通过黄金比例将立方体与圆结合在一起。这件作品被命名为《小青蛙》。

的球场就特别与众不同。该球场的长宽比为 1.606，几乎就是一个黄金矩形（场地尺寸为 106 米 × 66 米）。

　　连环画画家同样在绘画中使用黄金比例来定位焦点，但是他们通常并不承认自己是有意识地这样去做。如果我们将黄金比例应用于 5 厘米 × 3 厘米的矩形连环画中，便会得到 5 厘米：1.618 = 3.09 厘米，3 厘米：1.618 = 1.85 厘米。这两个结果能够以四种不同的方式出现在黄金矩形中：

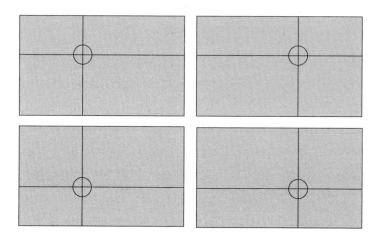

　　我们可以在许多连环画家的作品中看到这种定位图像的方法。

　　与音乐相关的设计也离不开黄金比例。著名的小提琴制造师安东尼奥·斯特拉迪瓦里（1644—1737）会非常小心地根据黄金比例为小提琴的 F 孔定位。尽管这位意大利人的工作极其缜密，但没有证据表明按照黄金比例定位 F 孔就会提高音质。而对于作曲家来说，德彪西和巴托克似乎都有意在各自的总谱中使用黄金比例。

第五章

黄金比例与自然

请你在脑海中想象出一个非常简单的矩形。它如何在形状不变的情况下增大？常识告诉我们，整个矩形必须均匀地增大，也就是说，在所有的方向上都以相同的比例增大。这就好像矩形的每条边都是有弹性的，一点一点地被小心拉长。矩形的自然增大意味着各边以相同的速度变长，这种假设好像符合逻辑，但这样会导致邻边之比发生改变，增大的矩形也会因此失去原有的形状。

生长形态

我们在第二章中已经证明，在黄金矩形的长边一侧增加一个边长与之相等的正方形，这样就得到了另一个黄金矩形。因为所有黄金矩形的邻边之比相同（都等于 Φ），所以它的尺寸增大但形状保持不变。同理，我们从黄金矩形中去掉一个正方形后得到的还是黄金矩形。由此可以确定黄金矩形的磬折形是正方形。只有黄金矩形才具有这一性质。因此要想保持形状不变，可以使用黄金比例来改变事物的大小。我们可以通过观察生物的生长来进行验证，这一性质在植物身上尤为明显。

为了理解"保持形状"究竟是什么意思，首先请思考一下人类。随着我们的成长，人体的比例是否会一直不变？答案肯定是不会。应该说人类的成长是一个身体比例不断变化的过程。虽然这并没有什么大不了，但随着年龄的增长，身体比例发生变化是一件好事。如果我们的身体比例从出生时就保持不变，那么要想让头部直立起来都会非常困难。

从另一方面我们也看到，黄金螺线在旋转增大的过程中与其他螺线有着本质上的区别。苏格兰的生物学家达西·汤普森（1860—1948）被认为是首位"生物数学家"。他指出，在不改变整体外形的情况下，某些生物的生长方式具有对数螺线的特点，与其他数学曲线没有任何关系："对于任何从固定极点出发的平面曲线来说，两条极线与该曲线会围成一个以极点为顶点、不断增大的扇形，如果这个扇形的磬折形总是它的前一个扇形，那么这种曲线就是对数螺线。"

昆虫会沿着黄金螺线的轨迹接近光源。如果我们希望在靠近而不是远离固定点的过程中保持转向的角度不变，那么我们只能按照黄金螺线的轨迹行走。猛禽在扑向猎物时也保持着这种轨迹，只有这样它们才能保持头部抬起，在最大加速过程中让猎物一直出现在视野的相同位置。

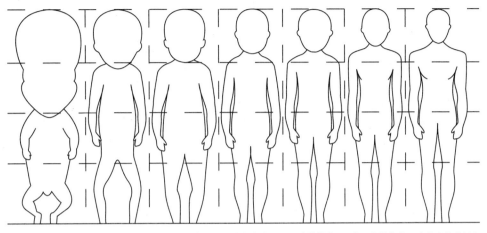

| 两个月的胎儿 | 七个月的胎儿 | 九个月的胎儿 | 两岁的儿童 | 六岁的儿童 | 十二岁的儿童 | 十八岁的成年人 |

人类在不同成长阶段头身比的变化。

生物的黄金比例

　　达·芬奇通过《维特鲁威人》做出假设，认为动物世界中充满黄金比例。从那时起，人们在艺术、科学领域对人体不同的部位与黄金比例之间的关系进行了大量的研究。然而人体尺寸在中世纪就已经用作度量的标准。法国各个大教堂的建造者都使用一种由五个活节连杆组成的测量工具，五节的长度分别表示掌宽、小指尖到食指尖的最大距离——指距、小指尖到拇指尖的最大距离——手距、脚长以及肘部到指尖的距离——肘长。

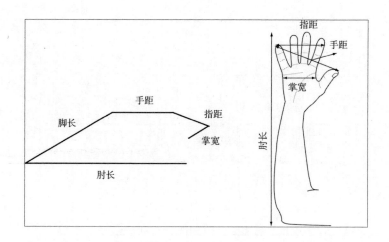

　　所有这些长度都是一个更小单位的倍数，人们称其为"法分"（等于 1 / 12 法寸），略小于 2.5 毫米（更准确的数值为 2.247 毫米）。下表是转换为公制单位后的计量长度。我们可以看到，第二列中的数字是斐波那契数列的连续项，因此相邻长度之间的比为黄金比例。这越发地不可思议，因为人们一开始是将任意选取的人体部位作为计量单位的。

掌宽	34法分	7.64厘米
指距	55法分	12.36厘米
手距	89法分	20厘米
脚长	144法分	32.36厘米
肘长	233法分	52.36厘米

叶序与黄金比例

"phyllotaxis"（叶序）是由希腊词语"phyllo"（叶子）和
"taxis"（顺序）组成。叶序这个词源自植物学领域，研究的是
叶在植物茎上的排列方式。我们下面就会看到，叶序似乎遵循
着几何与数字原理。通过对叶序的研究，人们已经发现了某些
惊人的自然生长系统，这些系统似乎完全符合某些数学特点。

我们首先会看到，植物的叶子从来不会重叠生长。如果重
叠生长，某些叶子就会遮住其他叶子所需要的阳光。为了避免
这种情况，叶子需要特定的生长方式。通过详细的分析，人们
已经可以从数学的角度对这种生长方式加以描述。

螺线

螺线是一条绕中心点旋转而不与自身相交的连续曲线。螺
线有着不同的类型，不同的绘制方法，每种螺线都有自己的特
殊性质。我们介绍的第一种螺线是阿基米德螺线。阿基米德最
早从蜘蛛网上观察到了这种螺线，因此人们为了纪念他而将其
命名为阿基米德螺线。我们可以用一根绳子绕杆旋转，然后小
心地将绳子从杆上取下并放到平面上，保持绳子呈盘状紧贴在
一起。这样，绳子就会形成一条阿基米德螺线，从中心点到绳
上任何一处的距离都与绳子盘绕形成的总角度成比例。阿基米
德螺线的主要性质之一是任意相邻两圈螺线之间的距离相等。

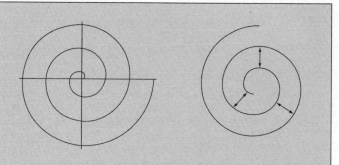

　　如果我们按照同样的步骤将一条绳子在圆锥体上缠绕，由此形成的螺线宽度会增大，这可以在软体动物壳的断面图中观察到。

　　螺线经过立体投影后就成为立体螺线。我们在某些动物的角上可以看到，立体螺线会随着自身的旋转而扩大。这些立体螺线称为圆锥螺线。立体螺线的宽度也可以保持不变（比如弹簧、螺旋梯或 DNA 的双螺旋结构），我们将其称为圆柱螺线。

约翰尼斯·开普勒（1571—1630）

　　德国天文学家约翰尼斯·开普勒在很小的时候就支持日心说。同为天文学家的波兰人哥白尼确立了日心说，表明行星绕太阳而不是地球运行。然而，官方学说一直认为地球是宇宙的中心，对此提出异议者会被判入狱。

　　开普勒十分赞同毕达哥拉斯学派"万物皆数"的观点。他根据自己的理解认为宇宙以五个柏拉图多面体（仅有的五个正

多面体）为基础构成。开普勒试图为当时已知的六颗行星的轨道建立几何模型。1596 年，他在自己的第一部著作《宇宙的奥秘》（*Mysterium Cosmographicum*）中介绍了这个模型。开普勒设法按照希腊人的"和谐"思想来解释宇宙。

　　他对这一模型的描述如下："通过地球所在的天球可以测量出所有行星的轨道。让正十二面体外切于地球轨道所在的天球，那么火星轨道就在正十二面体的外接天球上；让正四面体外切于火星轨道所在的天球，那么木星轨道就在正四面体的外接天球上；让正六面体外切于木星轨道所在的天球，那么土星轨道就在正六面体的外接天球上。现在，在地球轨道所在的天球内内接一个正二十面体，那么金星轨道就在正二十面体的内切天球上；在金星轨道所在的天球内内接一个正八面体，那么水星轨道就在正八面体的内切天球上。"

　　通过这种构造，身为数学家的开普勒创造了兼具美感与和谐的模型。这符合当时对于行星的观察，而且仅有较少的错误。然而在《宇宙的奥秘》出版后不久，开普勒本人就被迫承认这个模型与现实并不相符。

达·芬奇首先揭示了叶子生长的关键原理。这位伟大的天才意识到叶子沿着茎干以螺线状排列，每五片为一组完成一个生长循环，这说明五片叶子的总旋转角度是 1 / 5 的倍数。后来，开普勒观察到花朵通常是五边形、有五片花瓣，水果籽也经常排列为五角星形，比如常见的苹果。

19 世纪，多亏了德国博物学家卡尔·申佩尔（1803—1867）和法国晶体学家奥古斯特·布拉维（1811—1863），数学和叶序才开始被联系到一起。两人都注意到，松果的左右螺线数量是斐波那契数列中的连续项。他们的研究表明，决定叶序排列方式的因素可以通过斐波那契数列相邻项的比值来表示。

从那以后，斐波那契数列和植物学就结合在了一起。1968年，美国数学家艾尔雷德·布罗索研究了 10 种加利福尼亚松树的 4 290 颗松果并证明，仅有 74 颗松果为特例，其余的全部符合斐波那契数列。样本的符合率为 98.3%。经过相当长的一段时间后，科学界对此提出质疑并在 1992 年又重复了这项实验。这种事情经常发生。加拿大植物学家罗歇·V. 让扩大了研究范围，他观察了 650 种松树的 12 750 颗松果。这一次有92% 的样本符合斐波那契数列。

大部分高茎植物的叶子以螺线状分布，而且大都遵循着一种特定的分散规律，这种规律可见于所有植物物种，即两片连续的叶子构成的角度不变，我们将其称为"发散角"。发散角既可以用度数表示，也可以用分数表示，其中分子是从茎上的

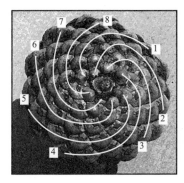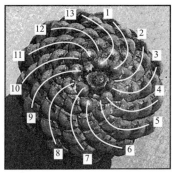

如图所示，松果在每个方向上的螺线数量（8条，13条）都是斐波那契数列中的相邻项。

一片叶子到它上面相同位置的叶子旋转的圈数，分母是在这两片叶子之间沿螺线生长的叶子总数。

在斐波那契数列中，某一项与它之后的第二项的比，即 a_n / a_{n+2} 组成了申佩尔-布劳恩级数，它根据叶子不同的分散角度对许多物种进行了分类。如果我们还记得斐波那契数列中两个连续项，即 a_{n+1} / a_n 的比值不断趋近于黄金比例，那么就可以说申佩尔-布劳恩级数的比值不断趋近于 $1 / \Phi^2$。数学证明如下：

$$\frac{a_n}{a_{n+2}} = \frac{a_n}{a_{n+1}} \cdot \frac{a_{n+1}}{a_{n+2}} \rightarrow \lim_{n \to \infty} \frac{a_n}{a_{n+1}} \cdot \frac{a_{n+1}}{a_{n+2}} = \lim_{n \to \infty} \cdot \frac{a_n}{a_{n+1}} \cdot \lim_{n \to \infty} \frac{a_{n+1}}{a_{n+2}} \quad \frac{1}{\Phi} \cdot \frac{1}{\Phi} = \frac{1}{\Phi^2}$$

真正的难题是植物如何"知道"它们必须按照斐波那契数列排列叶子。下面告诉你答案。植物的茎上有一个圆锥形的生长点。我们从植物上方观察就会发现，最先长出的叶子通常以茎为中心向外伸展。布拉维发现，每片新叶与上一片叶子的角度大约为 137.5°。通过计算（360° 是一整圈），我们得到了 137.5° 角，有时人们把这个角称为黄金角。

$$360° \cdot \frac{1}{\varPhi^2} = \frac{360°}{\varPhi^2}$$

1984 年，由 N. 里维耶率领的一组科学家反其道而行之，通过数学来研究植物学。他们发现，让葵花籽的生长角度等于黄金角，用数学算法得到的向日葵花盘会与真实的排列结构相似。里维耶的结论很有意思：由于生物需要同质性和相似的结构，因而大大限制了它们可能的生长形态。反过来，这条结论也可以解释为什么斐波那契数列和黄金比例会频繁地出现在叶序中。其他与磁场有关的实验也在其中发现了黄金螺线状的结构。

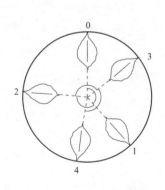

绕向日葵茎连续生长的每一片叶子与它的前一片叶子构成的角度约为 137.5°。

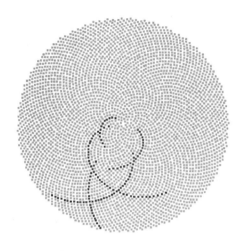

　　在计算机生成的虚拟葵花籽分布图中，我们可以清楚地看到大量弯曲度不同的螺线。在顺时针和逆时针两个方向上，长度相同的螺线数量通常是斐波那契数列中的相邻项。

　　德国数学家格里特·范·伊特森在 1907 年完成了一项植物学领域的经典实验。他按照 137.5° 角将连续的点串联成螺线，由此证明人眼观察到顺时针和逆时针两组螺线，这两组螺线的数量接近斐波那契数列中的两个相邻项。这一现象最有名的例子就是让人印象深刻的向日葵。我们观察向日葵时就会发现，葵花籽构成了顺时针和逆时针两组螺线。每组螺线的数量也是斐波那契数列中的相邻项。出现频率最高的几组数字是 21 和 34、34 和 55、89 和 144。

　　这一切是生物固有的生长特点或者只是个美丽的巧合？

　　树的枝干与植物的叶子按照同一种方式排列。因此，一根

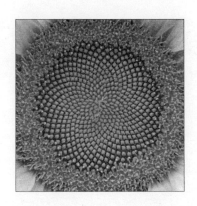
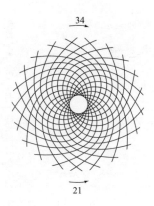

由 34 条顺时针螺线和 21 条逆时针螺线组成的向日葵花盘。

树枝不会直接生长在另一根的上方，而是以螺线状排列。随着树龄的增长，树的尺寸会发生变化，但是树的高度与树枝长度之间的比例不会改变，同样不变的还有树枝之间的相对形状。因此，观察者只要知道了这种特点就能从远处辨认植物的种类，根本不需要检查植物的叶子或靠近观察。

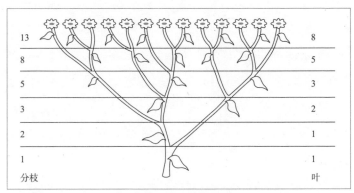

许多植物的分枝和叶子是根据斐波那契数列排列而成的，珠蓍（英文俗名：sneezewort；拉丁学名：*Achillea ptarmica*）便是其中一种。

花朵与花瓣

许多花的花瓣数也常常符合斐波那契数列中的某些项，例如丁香（3 片）、莨（5 片）、飞燕草（8 片）、金盏花（13 片）或紫菀（21 片）。不同品种的雏菊有着不同数量的花瓣，但它们却一直都是斐波那契数列中的项（21、34、55、89）。

爱情故事中常见的小插曲便是陷入热恋的男女摘雏菊花瓣的情景，摘一瓣问一句：他爱我？他不爱我？人们会认为坠入爱河的数学家都很擅长摘花瓣，但事实并非如此。幸运的是，大自然和斐波那契数列都为偶然留下了可能，而这个秘密就藏在花朵里。虽然雏菊上的花瓣数是斐波那契数列的项，但它们有奇数也有偶数，在开始摘花瓣之前我们不知道一朵雏菊上有

雏菊的花瓣数总是斐波那契数列中的一项，图中的雏菊有 21 片花瓣。

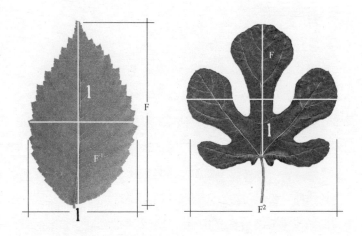

光叶榆（*Ulmus glabra*）和无花果树（*Ficus carica*）的叶子，根据它们与黄金比例之间的联系进行分割。

多少花瓣。因此我们的浪漫情事也就变得难以预测。

　　就像建筑中的黄金比例一样，有时植物表现出的黄金比例过于完美，因此让人感觉不那么自然。然而在植物学领域，严谨的实验不仅发人深思，而且凝聚了美学的思想。

鹦鹉螺

　　等角螺线或黄金螺线赋予了贝壳以形状，最不同寻常的例子莫过于鹦鹉螺。在壳体内部，鹦鹉螺通过增加腔室而变大，每个腔室都大于前一个，但鹦鹉螺的形状始终保持不变。新腔室出现在旧腔室的上方，二者的形状完全相同，只是新腔室更大一些：

　　鹦鹉螺的螺线结构与旋转的急流十分相似，比如漩涡或从浴缸排水孔流走的洗澡水。在更加宏观的宇宙中，某些星系的旋臂也是这种螺线结构。

自然界中同样存在五角星结构，比如海星。

分形与黄金比例

我们在第一章中讲了 Φ 的两个表达式，第一个是连分式，第二个是连根式：

$$\Phi = 1 + \cfrac{1}{1 + \cfrac{1}{1 + \cfrac{1}{1 + \cfrac{1}{1 + \cdots}}}} = [1,1,1,1 \cdots] = [\bar{i}] \qquad (1)$$

$$\Phi = \sqrt{1 + \sqrt{1 + \sqrt{1 + \sqrt{1 + \cdots}}}} \qquad (2)$$

如果我们不断地对其中任何一个求解，只会得到分数的分数，平方根的平方根，无穷无尽地延续下去。一旦对此感到厌倦，不妨直接观察最后一项，就像通过显微镜观察最微小的细节。不管我们认为自己观察的有多深，我们始终会发现表达式丝毫没有改变。这种复杂的脑力训练是带领人们进入分形世界的大门。

1975 年，拥有法国和波兰双重国籍的学者伯努瓦·曼德博（1924—2010）出版了《分形学：形态，概率和维度》（*Fractals: Form, Chance and Dimension*）一书，分形理论首次出现在世人面前。作者在前言中解释说，他根据拉丁语的形容词"fractus"创造出了"fractal object"（分形对象）和"fractal"（分形），这个拉丁词语意为"破碎的"，但翻译成"小数的"

伯努瓦·曼德博，数学家，首创
了分形的概念。

（fractional）会更好。七年后，曼德博在《大自然的分形几何学》（*The Fractal Geometry of Nature*）一书中将分形重新定义为一个集合，其中"豪斯多夫–贝塞科维奇维数严格大于其拓扑维数"。即使不能完全解释清楚，我们至少也会试着解释一下这个定义。

请记住，经典几何对象的维度都是整数，点是零维，直线是一维，平面是二维，空间是三维。另一方面，分形的维度不是整数维度。它介于两个整数维度之间，因此分形不能被看作拥有"正常"的体积和面积。在分形的世界里，非整数维度完全有可能存在。介于一维和二维之间的分形是个平面，不受曲线或一组直线的限制，但它却不会变成二维的平面（分形的周长无限长而且没有切线）。

科赫曲线具有分形的性质，通过不断重复的几何过程构造而来，稍后我们会看到这种曲线。与所谓的康托尔集一样，如果分形的维度介于零和一之间，即使点的数量无穷多并且彼此无限接近，它也只是一个沿直线排列却无法连成直线的点的集合。实际上，这是一个奇怪的几何悖论。

自相似性是分形的特点之一。换句话说就是，分形成比例地增大或减小而形状保持不变。无论观察距离的远近、观察程度的详略，我们所看到的图像都将始终如一。

雪花分形

因为科赫曲线或科赫分形酷似雪花，所以人们又将其称为"雪花"。科赫曲线是最早出现的分形图之一，由瑞典数学家海里格·冯·科赫（1870—1924）于1906年定义而来，时间远远早于分形概念的形成。下面我们来看一下科赫曲线的构成及其性质。

首先，我们将一个等边三角形的每条边平均分成三段。去掉每条边的中间段后，在该位置画一个向外凸出的等边三角形，边长等于去掉的中间段。

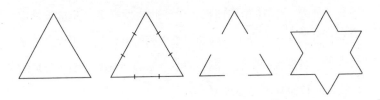

我们不断重复这个过程，每次画出的等边三角形不断变小。很快，纸笔就无法完成这项任务，但是计算机却可以很容易地继续画下去：

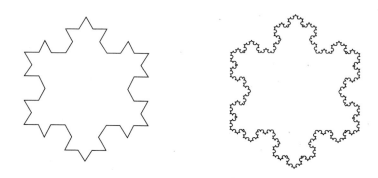

我们可以计算出科赫曲线的长度和面积。在每一步中，我们将长度为 3 的线段（包含三段）改为了另一条长度为 4 的线段（包含四段）：

因此在每次的重复过程中，我们都要用最初的周长乘以 4 / 3。这样，如果等边三角形最初的周长为 L，重复 n 次后，科赫曲线的周长为：

$$L_n = L \cdot \left(\frac{4}{3}\right)^n$$

由于 4 / 3 大于 1，因此这个表达式的值可以变得无限大！用数学专业术语来说，科赫曲线的周长 L_n 趋向于无穷大。我们可以无限地将其延长。

下面再来看一下科赫曲线的面积。假设初始三角形面积 $A = 1$：

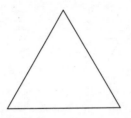

如果我们把它的三角形分成若干三角形，边长为最初三角形的 1 / 3，那么一共得到九个小三角形。第一次的重复过程增加了三个小三角形，它们的面积是最初面积的 1 / 3。因此，我们便得到了：

$$A_1 = 1 + 1 / 3 = 4 / 3$$

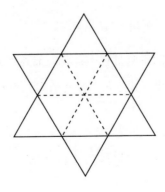

在接下来的重复过程中，我们在三角形 T_2 的两边及其相邻的两边增加四个小三角形 T_3，这四个三角形的面积占 T_2 的 $4/9$，正好是 A_1 面积的 $1/3$，这样新增小三角形的总面积就是 $\dfrac{4}{9} \cdot \dfrac{1}{3}$。

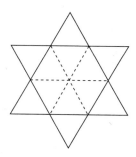

同理，在之后的每一次重复过程中，新增三角形的面积是上一次新增面积的 $4/9$，这样就可以求出科赫曲线的总面积：

$$A = 1 + \frac{1}{3} + \frac{4}{9} \cdot \frac{1}{3} + \left(\frac{4}{9}\right)^2 \cdot \frac{1}{3} + \left(\frac{4}{9}\right)^3 \cdot \frac{1}{3} + \ldots$$

这个表达式可以通过提取公约数、加括号表示为无穷几何级数：

$$A = 1 + \frac{1}{3} \cdot \left(1 + \frac{4}{9} + \left(\frac{4}{9}\right)^2 + \left(\frac{4}{9}\right)^3 + \ldots\ldots\right) = 1 + \frac{1}{3} \cdot \frac{1}{1 - \frac{4}{9}} = 1 + \frac{1}{3} \cdot \frac{9}{5} = \frac{8}{5} = 1.6$$

也就是说，经过无数次的重复后，我们得到了一条无限长的曲线，但它围成的面积仅是最初三角形的 1.6 倍。

科赫曲线介于一维和二维之间。请回想一下刚才的第一步：我们将长度为 3 的线段改为 4。就直线来说，因为 $3^1 = 3$，所以直线是一维。如果我们作一个边长为 3 的正方形，因为 $3^2 = 9$，那它的面积是 9，因此这个平面是二维。当我们将长度变为 4，维度用 d 来表示，就得到 $3^d = 4$。我们必须通过对数运算才能求出 d：

$$d = \frac{\log 4}{\log 3} \cong 1.2619$$

由此可见，这个维度不是整数，根据曼德博所说的拉丁语，它是"小数的"。

有一种从科赫曲线变化而来的分形我们十分熟悉，它是一种反向的科赫曲线。它的构造过程与科赫曲线相似，但却是在三角形的内部进行。一家日本汽车品牌正是通过这种方法创造了自己的标志。

　　但是，分形并不仅仅是一种奇怪的"数学工艺品"，大自然才是终极的分形。为了验证这一点，我们只需要对树做一下观察。树枝的生长模式可以用准确至极的分形来建模。对于许多树的分形模型来说，树枝始终以特定的角度从每个侧芽向外长出，长度为前一根树枝乘以因数 f。因为有了因数 f，树枝就不会重叠生长，也就是不会在彼此之上生长。如果我们想要建立真实有效的模型，就必须解决树枝重叠生长的问题。为了避免这种情况，我们需要知道因数 f 的极限。研究表明它与黄金比例有关，因为它必须符合 $f = 1 / \Phi$。

　　举例来说，如果我们将一开始从树上长出的"直线"替换为等边三角形，在这个三角形的每个顶点处放置另外的等边三角形，该三角形的边长等于最初三角形的边长乘以因数 f（下图中，$f = 1 / 2$），这样三角形状的树枝不会重叠而只是连接在一起，f 的最大值也只能是 $f = 1 / \Phi$。

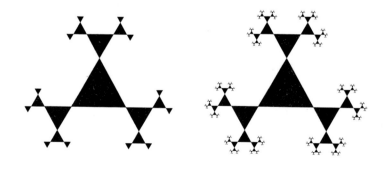

出现在罗马花椰菜上的逆时针螺线和顺时针螺线，两种螺线的数量是斐波那契数列的相邻项。

罗马花椰菜（俗称宝塔菜，是一种甘蓝的花）是最美的自然分形，因为我们不需要计算或数学公式就能清楚地观察到它的结构。如果我们切下其中任意一块，它的形状总是与整颗罗马花椰菜的形状相同。只要数一下顺时针和逆时针方向上的螺线，就可以证明它与黄金比例的关系。结果两个方向上的螺线数是斐波那契数列中的相邻项。逆时针方向上有 8 条螺线，顺时针方向上有 13 条螺线。

旅程的终点

分形的世界是深奥而复杂的，人们很少涉及该领域。分形中的黄金比例远远超出了人类所见，深深地隐藏在了未知的领域。令人感兴趣的是，那个古老而神圣的数字早在二十多个世纪前就踏上数学之路，如今依旧在数学领域中发挥着重要的作用。黄金比例不是被扔进回忆之匣中的过气玩具，它始终保持着一股不可阻挡的力量。

到这里，我们的旅程马上就要结束了。希望沿途的风景与即将到达的终点都可以让你收获满满。我们在众多不同的领域内做了停留，其中包括绘画、建筑、天文、设计，还有自然本身。现在，我们已经置身于一片视野开阔的新天地。这趟旅程带给你的只是如何去领略黄金比例之美，更多精彩之处仍有待读者前去探索发现。

西华盛顿大学的网页上展示了黄金比例小数点后 10 000 位数，如果仔细寻找，一定可以在其中找到我们的生日或车牌号，快去这代表美的数字中寻找和你有关的数字吧。

附　录

《神圣比例》第五章摘录（卢卡·帕乔利著）

帕乔利认为把符合中外比的线段关系称为"神圣比例"十分恰当，他在《神圣比例》第五章中给出了五个理由来说明其原因。这段文字将哲学思想、神学思想以及数学思想混合在了一起。

适用于本专著或纲要的标题

伟大的米兰公爵，在我看来只有"神圣比例"才适合做我们这本专著的标题。因为在我们对神圣比例富有成效的论述中，我发现了许多与上帝自身相似的关系。在此只探讨其中四点就已足够。

第一，该比例是独一无二的，无法对其划分类别或找出与其他比例之间的差别。而根据所有神学和哲学派别的思想，这种"合一"正是上帝自己至高无上的称谓。

第二，"三位一体"的比例。三位一体即圣父、圣子、圣灵，在神学中为同一实体的三个人。如我们所见，该比例与三位一体一样总是出现在三项之中，不多不少。

第三，正如上帝既不能被恰当定义也不能通过言语来知晓，该比例永远不能由一个明了的数字或任何有理数来表示，而它总是隐秘的，数学家将其称为无理数。

第四，正如我们说上帝永远不会改变，始终如一，无处不在。同样，该比例始终一成不变，只是一个既连续又分离、可大可小的数。它绝对不会改变，有才智的人也无法用另一种方式理解它。

第五点加到前四点之后是有道理的。上帝赋予生灵神圣的能力，又称第五元素。通过第五元素连接另外四种纯粹的元素，土、水、气、火，再由每一种元素赋予自然万物以生命。与此相同，根据古希腊柏拉图的《蒂迈欧篇》记载，神圣比例通过所谓的正十二面体，或十二个正五边形构成的几何体，让天空本身得以正式存在。我们会在下面对此做出论证，没有神圣比例就无法构成正十二面体。同样，每种元素都对应着一个独特的、不同的几何体。火对应的金字塔锥体称为正四面体，土对应的立方体称为正六面体，气对应着正八面体，水对应着正二十面体。根据圣贤的观点，只有这几种多面体为正多面体，我们在后面会对其一一进行讨论。通过这些几何体，神圣比例把形状赋予其他物体，无限多的物体依附于神圣比例。在没有神圣比例的情况下，我们无法相互比较这五个正多面体，也不可能作出它们的外接球。虽然还可以列出上帝与神圣比例之间的其他关系，但对寻求这本专著恰当的命名来说，以上说明已经足够。

《神圣比例》所做的描述

下面的内容为帕乔利对神圣比例的描述，摘自《神圣比例》的连续两章。第七章介绍了黄金比例的识别方法，第八章介绍了黄金比例的计算方法。

译文采用了原文的风格，现代读者阅读起来有一定困难。按照今天的标准来说，文中的主要问题是论述不切题。就连今天小学教授的基本知识在帕乔利的书中都得费力地解释，比如分数等式，而且他还频繁地使用了比例的概念。大约在公元1500 年，也就是帕乔利所处的那个时代，数学符号的发展依旧落后，而且人们对公式也没有明确的概念。我们可以从文本中看出作者在表达下面这个分数时遇到了很大的困难，

$$\frac{1+\sqrt{5}}{2}$$

他只能用文字对其进行描述而不能用符号来表示。

然而阅读这段内容还是值得的，因为它对于黄金比例来说有着重要的历史价值，而且它告诉了我们数学在过去的样子。

从这个角度来看，再考虑到那时人们使用的数学语言并不成熟，有很大的局限性，那么我们就会发现意大利杰出思想家帕乔利的作品以及他同时代人的作品，尤其是他的前辈所取得的成就就显得尤为可贵。

第七章

神圣比例分割线段的首要性质

圣贤所说的中外比即神圣比例，因为按中外比分一条线段，如果我们在较长部分增加原来按照中外比分割的线段的一半，那么结果必然是，最初线段总长的平方与新增线段的平方之和为新增线段的平方的五倍。

在继续进行下面的内容之前，我们必须说明如何理解并引入数字之比，以及圣贤是如何在他们的著作中提到神圣比例。然后，我会解释圣贤所说的"中外比"（propritio habens et duo extrema），即含有一个中项和两个外项的比例，这样的三项为一组，因为无论怎样，每一组必定有一个中项和两个外项，因为如果不知道两个外项，那么永远无法求出中项。

如何得到中项和外项

我们已经知道了如何定义神圣比例，但仍需说明如何计算任意中项和外项，以及在计算过程中运用神圣比例需要满足的条件。为此我们需要知道，在同一组的三项中必然存在两个必要的特征或比，即第一项和第二项之间的比，第二项和第三项之间的比。举例来说，假设有同一组的三项并且没有其他方法得知它们之间存在的比例关系。设第一项为 a，a 等于 9，第二项为 b，b 等于 6，第三项为 c，c 等于 4。

那么这三项之间存在两个比，一个是 a 与 b 之比，即 9 与 6 之比，我们在本书中将其称为"三比二"（sesquialtera），即较大项是较小项的一倍半，因为 9 既包括 6 也包括 6 的一半 3，因此才将其称作"三比二"。第二项 b 与第三项 c 之比，即 6 与 4 之比，约分后也为"三比二"。现在，我们不需要关注这两个比是否相同，因为我们的目的是要说明同一组的三项之间一定存在两个比。同样，神圣比例也需要相同的条件，也就是说，在神圣比例的三项中，总是包含一个中项和两个外项，神圣比例总是由两个相同的比组成。而且不管其余的比例是否为连比，两个相同的比都能组成无数个比例，因为有时这三项的比例扩大了一倍，有时扩大了两倍，对于其他所有常见的比例来说也是如此。但是正如我们所见，对于神圣比例来说不能有任何变化。

因此，要判断各项是否符合神圣比例，我们必须确定这三项的比一定是连比，解释如下：较小的外项乘以它与中项之和等于中项的平方，因此，较小外项与中项的和必然等于较大的外项。当我们找到这样任意一组的三项时，就可以说它们符合中外比。其中较大的外项总是等于较小的外项与中项相加。我们可以说较大的外项分成了两部分，即三项中较小的外项与中项。我们必须注意到神圣比例不可能是有理数，因为考虑到中项的存在，如果较大的外项是有理数，较小的外项根本不可能指定为任意数字，因此两个外项总是无理数，我们会在下面做出详细解释。

第八章

如何根据中外比分解数字

我们经过仔细思考后一定知道，按照中外比分解数字是指：一个数分解后得到的两个数字不相等，这样在它们的比例中，较小数与原数的乘积等于较大数的平方。但是，根据中外比把一个数分解为两个数，在它们的比例中，一个数与原数的乘积等于另一个数的平方，这种说法使人厌烦，而我们希望将其替换为任何人都容易懂的方法，并且任何一个数学家都可以将这个命题，即"分解后的一个数与原数的乘积等于另一个数的平方"简化，将其简化为神圣比例，因为没有其他方法能够将其解释清楚。因此，如果告诉某人"把 10 分成两个数，这样较小的一个数乘以 10 等于另一个数乘以它自己"，对于这个例子以及其他类似的例子来说，在我们称为代数学的推算过程中，根据其中的特点，以及我们在本书中就此给出的计算法则，他就能够凭以上条件求解，即分解后较小的数是 15 减去 125 的平方根，较大的数是 125 的平方根减去 5。这样得到的两数为无理数，用专业术语来讲残差（residuals）为 6。通俗地说，这两个数可以解释为：较小的数等于 15 减去 125 的平方根。这意味着 125 的平方根仅大于 11，用 15 减去它后，我们得到的数在 3 和 4 之间。而较大的数可以表述为 125 的平方根减去 5。这意味着我们对 125 开平方，结果只略大于 11，用它减去 5，便得到了比 6 大比 7 小的一个数。但是，我们在研究中以各种方法充分论证了残差、二项式和平方根以及其他所有有理数和无理数、整数和分数的加减乘除运算，我不想在本书中重复这些内容，因为我们只想说些新的东西，而不是那些已经讲过的东西。

因此，分解每一个数始终都会得到三个成连比的项，根据这一点，被分解的数便是较大的外项，在这个例子中是 10；另一个是第二大的数，也就是中项，即 125 的平方根减 5；第三个数是较小的外项，即 15 减去 125 的平方根。在这三项之间存在相同的比，即第一项比第二项等于第二项比第三项。反过来，第三项比第二项也等于第二项比第一项。如果我们用较小的项，也就是 15 减去 125 的平方根所得的差乘以较大项 10，同样等于中项乘以它自己，即 125 的平方根减去 5，然后平方，因为根据神圣比例，每个乘积都等于 150 减去 12 500 的平方根。所以说 10 是根据神圣比例来分解的，其中较大的部分是 125 的平方根减 5，较小的部分是 15 减去 125 的平方根，二者都是无理数。以上就是涉及神圣比例分解数字的全部内容。

《几何原本》摘录（欧几里得著）

欧几里得所著的《几何原本》卷六中包含了欧多克索斯的命题理论和平面几何的理论。欧几里得在书中提到了相似三角形定理以及第三比例项、第四比例项还有比例中项。这是黄金比例第一次在数学领域出现。卷六的第三个定义，即中外比的定义，以最经典的表达解释了"中外比"，而且在第三十个命题中，欧几里得就该定义给出了应用实例。

卷六

定义

当一条线段分成两段，整条线段与较长线段的比等于较长线段与较短线段的比，我们称这条线段按中外比分割。

命题

命题 30、按中外比分一条已知线段。

设该已知线段为 AB。

要求线段 AB 按中外比分割。

在线段 AB 上作正方形 BC，并且在 AC 及其延长线上作平行四边形 CD，让其总"面积"等于 BC，图形 AD 与 BC 相似。

现在 BC 是正方形，因此 AD 也是正方形。因为正方形 BC 的面积等于平行四边形 CD，把平行四边形 CE 从两个图形中除去，那么剩下的平行四边形 BF 与 AD 面积相等。但是它们的各角相等，因此 BF、AD 构成夹角的边互成反比，FE 比 ED 等于 AE 比 EB。但 FE 等于 AB，ED

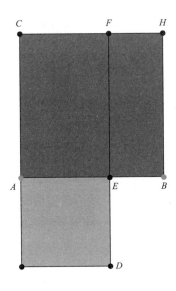

等于 AE。因此，AB 比 AE 等于 AE 比 EB。又因为 AB 大于 AE，所以 AE 也大于 EB。

这样，点 E 按中外比分线段 AB，AE 为较长线段。

虽然卷六中最出名的就是讨论了黄金比例，但欧几里得在卷二的第十一个命题中已经展示了黄金比例，该命题试图用几何学的方法求解方程 $a(a-x) = x^2$。这个命题基本上与卷六的第三十个命题相同，唯一的不同是术语的使用。我们可以说在卷二的第十一个命题中首次出现了黄金比例，但作者似乎希望把这些问题留到后面。因此，欧几里得把它们藏在了一个矩形的问题中。无论如何，欧几里得还是证明了任何与线段比例有关的问题都可以转化为矩形的面积问题。

卷二

命题 11、分一条已知线段，让该线段与其中一条小线段构成的矩形面积等于另一条小线段构成的正方形的面积。

设 AB 为已知线段。

要求将 AB 分为两段，让 AB 与其中一条小线段构成的矩形的面积等于另一条小线段构成的正方形的面积。

作边长为 AB 的正方形 ABDC，让 E 点平分 AC 并与 B 点相连为 BE。延长 CA 到 F，让 EF 等于 BE。作边长为 AF 的正方形 FH，延长 GH 到 K。

因为线段 AC 已经被 E 点平分并且增加了线段 FA，所以

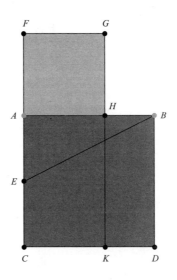

CF、*FA* 构成的矩形的面积与 *AE* 构成的正方形面积相加等于
EF 构成的正方形面积。但是 *EF* 等于 *EB*，因此，*CF*、*FA* 构
成的矩形与 *AE* 构成的正方形相加等于 *EB* 构成的正方形。但
由于点 *A* 上的角是直角，所以 *BA*、*AE* 构成的正方形相加等
于 *EB* 构成的正方形。因此，*CF*、*FA* 构成的矩形与 *AE* 构成
的正方形相加等于 *BA* 构成的正方形与 *AE* 构成的正方形相加。
从上面的等式中分别减去 *AE* 构成的正方形，剩下 *CF*、*FA* 构
成的矩形面积等于 *AB* 构成的正方形面积。因为 *AF* 等于 *FG*，
所以 *CF*、*FA* 构成的矩形为 *FK*。而 *AB* 构成的正方形为 *AD*，
所以 FK 的面积等于 *AD*。从上面的两个图形中各除去 *AK*，那
么剩下的正方形 *FH* 等于 *HD* 的面积。因为 *AB* 等于 *BD*，所
以 *HD* 是 *AB*、*BH* 构成的矩形，但 *FH* 是 *AH* 构成的正方形，

因此由 *AB*、*BH* 构成的矩形等于 *HA* 构成的正方形。

这样，点 *H* 分线段 *AB*，因此由 *AB*、*BH* 构成的矩形面积等于 *HA* 构成的正方形面积。

《计算之书》（斐波那契著）

斐波那契的《计算之书》篇幅很长，记载了作者在旅行途中遇到的算数和代数问题，十分有趣。斐波那契意图证明印度 - 阿拉伯十进制及其数字符号的用处，并支持将其引入欧洲。书中正文第一段就讲到了我们现在所使用的数字，这是数字首次在西方的历史上出现。

九个印度数字分别是：9、8、7、6、5、4、3、2、1。

用这 9 个数字和阿拉伯人称为零（zephyr）的符号 0 可以写出任何数字。我们会在下面加以论证。数是单位之和，可以通过累加无限增大。首先由单位 1 组成了 1—10；其次由单位 10 组成了 10—100 的数；然后由单位 100 组成了 100—1000 的数……通过这样无限次的累加，任何数字都可以由之前的数字组合而成。写数字时，第一位在右边。第二位在第一位的左边。

斐波那契的"印度"数字属于印度 - 阿拉伯计数制。他按照阿拉伯文的书写方向从右向左写。该计数制的变革性不仅仅在于实践。斐波那契在当时还引入一个非常强大的概念，那就是"零"。

《计算之书》第十二章中出现了兔子的繁殖问题，斐波那契正是因此为后世所铭记。下面我们展示书中的原文，其中包括他在空白处做的笔记。

某人在围栏里养了一对兔子并且想知道在一年中，这对兔子能够繁殖出多少对兔子。假设一对兔子每月可以产下一对幼兔，每一对幼兔都可以在出生后的第二个月开始繁殖。

当第一对兔子在第一个月产仔时，该男子的兔子数翻了一番，所以他在一个月内拥有 2 对兔子。

第二个月，2 对兔子中的其中一对，也就是最开始的一对生产，这个月一共有 3 对兔子；第三个月，上个月怀孕的 2 对兔子生产，所以新生的 2 对兔子加上之前的 3 对，这个月一共有 5 对兔子；第四个月，3 对怀孕的兔子生产，这个月一共有 8 对兔子，其中的 5 对兔子怀孕；第五个月，5 对怀孕的兔子生产，加上之前的 8 对兔子一共有 13 对兔子；第六个月，5 对刚出生的兔子不交配，但另外 8 对怀孕的兔子生产，因此这个月有 21 对兔子；第七个月，新生的 13 对兔子加上之前的 21 对，这个月一共有 34 对兔子；第八个月，新生的 21 对兔子加上之前的 34 对，这个月一共有 55 对兔子；第九个月，新生的 34 对兔子加上

之前的 55 对，这个月一共有 89 对兔子；第十个月，新生
的 55 对兔子加上之前的 89 对，这个月一共有 144 对兔子；
第十一个月，新生的 89 对的兔子加上之前的 144 对，这
个月一共有 233 对兔子。第十二个月，兔子的总数为新生
的 144 对兔子加上之前的 233 对。因此到了年底，由第一
对兔子开始在一年之内总共繁殖了 377 对兔子。

开始：1 对
第一个月：2 对
第二个月：3 对
第三个月：5 对
第四个月：8 对
第五个月：13 对
第六个月：21 对
第七个月：34 对
第八个月：55 对
第九个月：89 对
第十个月：144 对
第十一个月：233 对
第十二个月：377 对

我们可以从旁边的笔记看出如下规律：将第一个数
字与第二个数字相加，即 1 加 2，然后第二个数字加第三

个数字，第三个数字加第四个数字，第四个数字加第五个数字，依此类推，直到第十一个数字加第十二个数字，即144加233，最终得到了刚才的结果377。随着月份的无限增加，这个数字还会继续增大。

在这个问题中出现的一系列数字以及随着这些数字增大而形成的比例后来被人们称为斐波那契数列，然而斐波那契不会知道这个数列用了他的名字，甚至直到许多个世纪后他才得到了"斐波那契"这个绰号。事实上，开普勒本人在1611年的一份出版物中提到过"皮萨诺数"（Pisano's numbers），他用一种复杂的方法描述了各数之间的比例："5和8的比，8和13的比，13和21的比。"

100多年后，雅克·比内（1786—1856）创造的公式可以求出斐波那契数列中的任意项，并且能够确定任意项在数列中的位置。计算这一公式的方法有些复杂，所以我们在此只做简要介绍，然后用例子证明它的有效性。

显然斐波那契数列的定义由递归算法而来，也就是我们必须计算出该数列的前几项才能得到特定的项。如果斐波那契数列的各项由下面的等式来定义：

$$F_0=0$$
$$F_1=1$$
$$F_n=F_{n-1}+F_{n-2} \text{ para } n=2, 3, 4, 5\cdots\cdots$$

那么这些等式确定的递归关系为

$$F_{n+2}-F_{n+1}-F_n=0$$

感兴趣的读者可以去阅读原书的内容，进而一步一步地知道 F_{n+1}/F_n 的比值及其极限，也就是 Φ 或黄金比例。读者在书中还会找到黄金比例的表达式

$$\varphi=\frac{1+\sqrt{5}}{2}$$

这是后面许多数学计算的基础。比内得到的公式为

$$F_n=\frac{1}{\sqrt{5}}\left[\varphi^n-\left(-\frac{1}{\varphi}\right)^n\right]$$

计算过程相当辛苦复杂，我们在此就不予以展示了。

将 Φ 值代入 $\left[\varphi^n-\left(-\frac{1}{\varphi}\right)^n\right]$ 就可以得到含有实数的公式。

$$F_n=\frac{1}{\sqrt{5}}\left[\varphi^n-\left(-\frac{1}{\varphi}\right)^n\right]=\frac{1}{\sqrt{5}}\left[\left(\frac{1+\sqrt{5}}{2}\right)^n-\left(\frac{-1}{\frac{\sqrt{5}+1}{2}}\right)^n\right]=$$

$$=\frac{1}{\sqrt{5}}\left[\left(\frac{1+\sqrt{5}}{2}\right)^n-\left(\frac{1-\sqrt{5}}{2}\right)^n\right]$$

参考文献

CONWAY, J.H. and R.K. GUY:*The Book of Numbers.*New York, Copernicus, 1996.

HUNTLEY, H.E.:*The Divine Proportion:A Study in Mathematical Beauty.*New York, Dover Publications, 1970.

LINN, C.F.:*The Golden Mean:Mathematics and the Fine Arts.*New York, Doubleday & Company, Inc., 1974.

LIVIO, M.:*La Proporción Áurea.*Barcelona, Ariel, 2006.

MORENO, R.:*Fibonacci.El Primer Matemático Medieval.*Madrid, Nivola, 2004.

PACIOLI, L.:*La Divina Proporción, Introducción A. M. González.* Madrid, Akal, 1987.

STEEN, L.A. ET AL.:*Matemáticas en la Vida Cotidiana.*Madrid, Addison-Wesley, UAM, 1999.

WELLS, D.: *The Penguin Dictionary of Curious and Interesting Geometry.*London, Penguin, 1991.